张东强　李海燕　编著

# 滨水植物景观设计

化学工业出版社

·北京·

本书结合具有典型代表性的国内外滨水区植物景观设计实景照片，首先，从解析滨水区植物景观设计相关概念出发，总结国内外滨水植物景观设计历程、设计原理、理念和发展趋势，探讨滨水植物景观设计的植物选择原则和造景原则。其次，基于滨水植物景观设计基本要点，重点分析湿地公园、滨湖类公园、滨河类公园、居住区和庭院滨水植物景观设计相关问题，也探讨了滨水植物与景观小品、亲水空间、灯光设计、园路设计和地形设计等常规问题。此外，本书还提供了多个近年来国内外关于湿地类、滨湖类、滨河类、住区类和庭院类的滨水植物景观设计的优秀案例，适合园林绿化管理人员、风景园林规划设计人员以及相关专业师生参考阅读。

**图书在版编目（CIP）数据**

滨水植物景观设计/张东强，李海燕编著. —北京：化学
工业出版社，2019.1
ISBN 978-7-122-33250-9

Ⅰ.①滨…　Ⅱ.①张…②李…　Ⅲ.①理水（园林）-
景观设计-研究　Ⅳ.①TU986.4

中国版本图书馆CIP数据核字（2018）第249179号

责任编辑：李　丽　　　　　　　　　　　　　　　　装帧设计：关　飞
责任校对：宋　夏

出版发行：化学工业出版社（北京市东城区青年湖南街13号　邮政编码100011）
印　　装：北京东方宝隆印刷有限公司
787mm×1092mm　1/16　印张14　字数345千字　2019年1月北京第1版第1次印刷

购书咨询：010-64518888　　　　　　　　　　　　　售后服务：010-64518899
网　　址：http://www.cip.com.cn
凡购买本书，如有缺损质量问题，本社销售中心负责调换。

定　　价：119.00元　　　　　　　　　　　　　　版权所有　违者必究

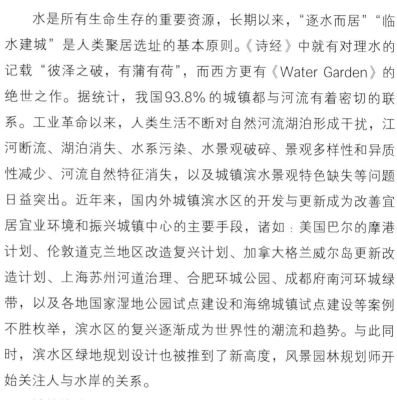

水是所有生命生存的重要资源，长期以来，"逐水而居""临水建城"是人类聚居选址的基本原则。《诗经》中就有对理水的记载"彼泽之破，有蒲有荷"，而西方更有《Water Garden》的绝世之作。据统计，我国93.8%的城镇都与河流有着密切的联系。工业革命以来，人类生活不断对自然河流湖泊形成干扰，江河断流、湖泊消失、水系污染、水景观破碎、景观多样性和异质性减少、河流自然特征消失，以及城镇滨水景观特色缺失等问题日益突出。近年来，国内外城镇滨水区的开发与更新成为改善宜居宜业环境和振兴城镇中心的主要手段，诸如：美国巴尔的摩港计划、伦敦道克兰地区改造复兴计划、加拿大格兰威尔岛更新改造计划、上海苏州河道治理、合肥环城公园、成都府南河环城绿带，以及各地国家湿地公园试点建设和海绵城镇试点建设等案例不胜枚举，滨水区的复兴逐渐成为世界性的潮流和趋势。与此同时，滨水区绿地规划设计也被推到了新高度，风景园林规划师开始关注人与水岸的关系。

城镇滨水区属于水陆交错带，是"动态"水环境和相对"静态"陆地环境之间相互融合共生的聚居区域，水体和陆地交互共生赋予滨水区特殊的文化价值，在漫长的历史变迁中，该区域往往是人类聚居文明和文脉传承的载体，而滨水环境空间营造的核心便是植物景观设计。本书的编写重点是从系统性、科学性、知识性、实用性和普及性的角度探讨城镇滨水区植物景观空间营造。本书共分为7章，第1章，介绍滨水植物景观设计相关概念、滨水植物分类、景观类型及景观作用。第2章，介绍国内外滨水植物景观设计历程、相关原理和探讨未来发展趋势。第3章，讨论滨水植物选择原则和造景原则。第4章，探讨滨水植物景观设计常见问题、景观空间构成、景观设计方法和模式。第5章，探析湿地公园、滨湖类公园、滨河类公园、居住区和庭院滨水植物景观营建主要内容和方法。第6章，研讨滨水植物景观与景观小品、亲水空间、灯光设计、园路设计以及地形设计的设计要点。第7章，通过不同类型滨水空间植物景观设计案例介绍来展现滨水植物景观设计的一些方法和参考意见。

本书的主要编著人员分工如下：李海燕负责编著第1、第2、第3、第4章内容。张东强负责统筹本书主要框架和理念，提供主要大部分实例照片，以及编著第5、第6、第7章内容。郭海璐、赵敏、赵茂会、张玲敏、刘诗画主要对文稿进行编排和校对。

很感谢我的家人、朋友、学生们的支持，还有他们的鼓励与帮助。特别感谢妻子李海燕和女儿张宸菥。感谢妈妈祖卫芬无私提供的精美实景照片。

因出生在乡村，常常对未来充满懵懂和憧憬，也许因童年奔跑于田间地头、野沟沼泽，常闻红土稻香之故，于是与"美术"有缘，有幸随师勤学，在风景园林规划设计方面施展才华，搏击人生，常为陶冶情操，而浅尝辄止。偶读林逋《山园小梅》，曾想：长大后必定要在故里营建"疏影横斜水清浅，暗香浮动月黄昏"之宜景。可，如今，梦想虽未实现，但所学专业却迫使自己无不与梦相伴。我之所以能进行这样一本书的编著写作，要感谢恩师宋钰红教授的推荐和指导。本书案例主要为我国西南地区的实践项目，存在一定的片面性，鉴于编者所学有限，难免存在错误和疏漏，诚请有关专家、老师、朋友及广大读者批评指正。

张东强

2018年10月

CONTENTS 目 录

## 第3章　滨水植物景观设计原则 / 23

## 第4章　滨水植物景观设计要点 / 30

## 第5章　滨水主题公园植物景观设计 / 60

第1章

# 滨水植物景观设计相关概念

## 1.1 植物与景观

当水和植物各自集中时，其熵值很低，它们一一蕴含着物性的神奇；当植物遇上了水，那种有规则的秩序就趋于无序，亦开始产生人性的可爱，或许这就是水体与植物的关系。当人们把它们所有系统再度按热力学第二定律使其回归自然之时，所经历的真、善、美，可以说就是滨水植物景观设计。

人类为什么喜欢水？近代的"生理心理学"试图以"人脑内生理事件来解释心理现象"，而行为与意识相互统一的结果，说明心理与生理的渊源驱使着人类爱水的天性。

水有一种生存之道。生命肇始，逐水而居，这是拜水（见图1-1）。《颐园论画》："万物初生一点水。水为用，大矣哉！"这是问道。"无园不水"几乎是中国传统的园林精髓，"山本静，水流则动；石本顽，树活则灵"。水有一种人生智慧。汤贻汾《画筌析览》中以"水性至柔，是瀑必劲。水性至动，是潭必定"来论水，其水本身有一种以柔克刚的精神，有一种博大境界和处世态度。当你面对大海，净化内心的一幕瞬间开始，昨日一切烦恼便无影无踪，一

图1-1 从古至今逐水而居已是理想宜居环境选址的首要条件

图1-2 苏州博物馆入口主景，水、石、围墙、植物所构成的"山水画"，无不以水而生、因水而活

图1-3 "人、水、绿"和谐发展的滨水休闲空间

切失落的疑问也找到答案，内心的宁静和灵魂会获得升华。水有一种千变万化而又含蓄内敛的姿态，这应该是古人喜欢把一些枯涩难懂的道理以水做比喻的原因，再想"知者乐水，仁者乐山""上善若水"之时，或者会想到"一本之穿插掩映，还如一林；一林之倚让乘承，宛同一本"（见图1-2）。红花虽好，需有绿叶扶持。

我国以往"高投入、高消耗、高污染"社会经济发展模式，导致水体污染、水资源问题和旱涝灾害等水环境问题。随着全国新型城镇化的快速推进，植物在保护生态环境，尤其是水环境方面所发挥的重要作用越来越得到重视。新时期，坚持绿色发展理念，保护和改善水环境问题已成为一种神圣的职责。逐水是人类的天性，尤其在当今快节奏现代生活重压模式下，居民更希望有一个优美的滨水环境，宽阔的绿色视野空间来释放心中的压抑之情。这就要求风景园林设计师在滨水景观设计中大胆以植物造景为主要手段，多用植物创造各种人性空间，创造出"人、水、绿"和谐发展的滨水休闲空间，让滨水植物景观在保护生态环境的同时发挥空间构建功能和美学功能，影响和改变居民的视觉和心理感受（见图1-3）。

我们须得铭记：人类逐水而居，依水而生。人类污染水源，傍水将亡。

# 1.2 滨水区域概念

### 1.2.1 城镇滨水区

城镇滨水区是城镇中陆域与水域相连的一定区域的总称，一般由水域、水际线、陆域三部分组成。从城镇的构成来看，城镇滨水区是城镇公共开放空间中兼顾地景和人工景观的区域，是构成城镇公共开放空间的重要部分（见图1-4）。从城镇功能上看，城镇滨水区是城镇景观界面，它是一条生态廊道、一条遗产廊道、一条绿色休闲廊道。从城镇用地类型上看，根据用地性质的不同，可将城镇滨水区划分为商贸、娱乐休闲、文化教育和环境、居住、历史、工业港口设施六大类。城镇滨水景观是对于位于城镇范围内的水体区域进行规划设计而形成的优美风景，按其毗邻的水体性质不同，可分为滨河、滨江、滨湖、滨海景观以及园林绿地中的人工滨水景观。

图1-4　城镇滨水区

## 1.2.2 滨水植物景观设计

"滨水植物"一词目前尚无明确的含义和界定,和它相关的名词有"湿地植物""岸边植物"和"水边植物"等。滨水植物通常指能够在滨水环境中完成生活周期的植物,包括沿岸的乔木、灌木、草本及生长在近岸浅水区的水生植物。滨水植物景观是指在水岸线一定区域范围内所有植物素材按一定结构构成的自然综合体(见图1-5)。滨水植物景观设计就是指运用生态学原理和艺术原理,利用植物材料自身的美学和生态特性,结合造园的其他题材,按照园林植物的生长规律和立地条件,为满足人们感官需要和对生态功能的要求,同时弥补其他造园题材的不足(见图1-6),在滨水地带采用不同的构图形式,组成不同滨水园林空间、创建各式的园林景色。

图1-5　城镇滨水植物景观

图1-6　城镇滨水湿地植物景观

# 1.3 滨水植物分类及特征

## 1.3.1 滨水景观植物分类

　　滨水植物是生态学范畴上的类群，是不同分类群的植物通过长期适应亲水环境而形成的趋同性的生态适应类型。滨水景观植物按其设计模式和植物的亲水适应性分类，可分为水生景观植物、湿地景观植物和陆生景观植物三类。

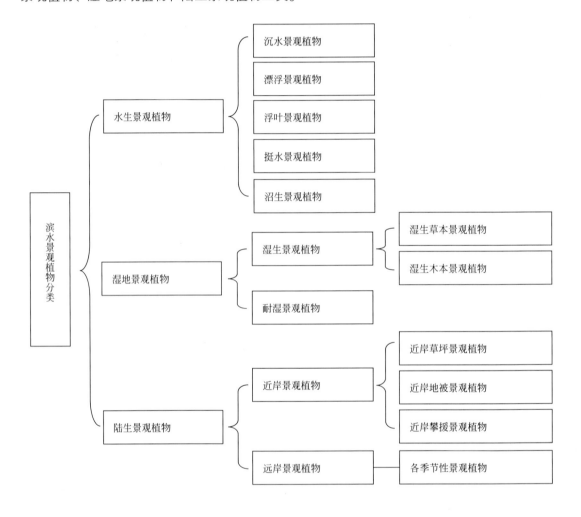

## 1.3.2 滨水景观植物特征

### 1.3.2.1 水生景观植物

　　水生景观植物按其生活习性及生态环境分类，可以分为沉水景观植物、漂浮景观植物、浮叶景观植物、挺水景观植物和沼生景观植物五类。

　　（1）沉水景观植物特征　整个植株沉没在水中，根生于泥中，植物叶片常为狭长或细裂成丝状，多呈墨绿色和褐色；花小，花期短，主要以观叶为主。常生长在4～5米深的水体中，能消耗水中多余的养料，起到净化水质的作用。如苦草（见图1-7）、金鱼藻、菹草。

图1-7 苦草

图1-8 大漂

图1-9 水罂粟

图1-10 千屈菜

（2）漂浮景观植物特征　该类植物生于浮叶植物和挺水植物之间，表现为全株漂浮于水面，根部退化或者完全缺少，会随水流四处漂浮，如水禾、粉绿狐尾藻、大漂（见图1-8）等。

（3）浮叶景观植物特征　植株根和地下茎生于水底泥中，无明显的地上茎或茎细弱不能直立。其叶漂浮于水面，有沉水叶和漂浮叶之分，浮叶植物常生长于水深0.5～3米区域，成明显的群落。如睡莲、中华萍蓬草、水罂粟（见图1-9）、黄花、水龙、荇菜等。

（4）挺水景观植物特征　挺水植物根状茎生长于水下泥土中，植株直立、挺拔、高大；茎叶明显，上部植株挺出水面，下部或根基部沉入水中，其植株常生长于水深1.5米内的沼泽地、湖泊、河塘等近岸浅水区。如荷花、千屈菜（见图1-10）、黄菖蒲、花菖蒲、路易斯安娜鸢尾、再力花、梭鱼草、芦苇、花叶芦竹、水葱、野灯芯草、香蒲、水烛、茨菇、欧洲大茨菇、石菖蒲、荷花、菇草、金线蒲等。

（5）沼生景观植物特征　沼生景观植物一般生长于沼泽浅水中或地下水位较高的地表，仅植株的根系及近于基部地方浸没水中的植物，生长在岸边沼泽地带。如水稻、香蒲、菰（见图1-11）、千屈菜、萍蓬草、落羽杉等。

图1-11　菰

图1-12　玉带草

图1-13　落羽杉与水体中的倒影形成驳岸
边耐湿性整体景观

### 1.3.2.2　湿地景观植物

湿地景观植物按其生活习性及生态环境，可以分为湿生景观植物和耐湿景观植物两类。其中湿生景观植物可以分为湿生草本景观植物和湿生木本景观植物两类。湿生植物耐水湿能力强，能种植在河岸边。其中湿生草本有玉带草（见图1-12）、薏苡、活血丹、姜花、蒲苇、矮蒲苇、野芋、紫芋、象耳芋、姜花、美人蕉、斑茅、旱伞草（见图1-13）、砖子苗等。湿生木本植物常见的有夹竹桃、水松、木芙蓉、金钟花、小叶扶芳藤等。

耐湿植物又称喜湿植物，该类植物生长在岸边湿润的土壤里但根部不能浸没在水中。常见的有樱草类、玉簪类和落新妇类等植物，另外还有绦柳、垂柳、落羽杉（见图1-13）、池杉、赤杨、棕榈、桑树、白桦、湿地松、构骨、夹竹桃、乌桕、枫杨、丝棉木、女贞树等木本植物。

### 1.3.2.3　陆生景观植物

陆生景观植物相对于近水区的水生和湿生植物的生长区域，指各类距离水源稍微远一些的，季节性变化的旱生景观植物，可以分为近岸型景观植物和远岸型景观植物两类，其中近岸型景观植物可以分为近岸草坪景观植物、地被景观植物和攀援景观植物三类。近岸型陆生植物常常用以营造开敞植被型、疏林草地型等植被景观空间，以地被植物和攀援景观植物为主题；远岸型陆生景观植物用以营造生态密林型、林荫休憩型等植被景观空间，由乔、灌、草组成的结构紧密的郁闭林，郁闭度为0.7～1.0，以滨河安静休息区和生态风景林、卫生防护林为主（见图1-14）。

### 1.3.3　适灾性滨水景观植物

适灾性滨水景观植物主要指抗冲击性强植物、耐污能力强的植物和适合在水位涨落带种植应用的景观植物。该类型景观植物通常是为了解决某环境问题而专项种植的，该类景观的景观艺术性放置于次要位置。抗冲击性强植物主要用于防止洪涝带来的灾害，主要有野芋、

图1-14  由桂花、滇朴、清香木、红花羊蹄甲形成较为开阔的乔木层，由黄连翘、杜鹃、小叶女贞构成密植的地被层，整体构成了滨水外围季节性较强的陆生植物景观区

图1-15  滨湖区中山杉与垂柳组合成的抗冲击驳岸景观，可以营造不同的潮汐景观

紫芋、象耳芋、斑茅、旱伞草、千屈菜、再力花、梭鱼草、芦苇、芦竹、水葱、野灯芯草、香蒲、水烛、茨菰、欧洲大茨菰、菰、石菖蒲、香菇草、黄花水龙、水禾、苦草、菹草，以及所有推荐的耐湿木本植物（见图1-15）。耐污能力强的植物主要是能够减少废气、废渣、废水和粉尘污染等环境问题。如夹竹桃、凤尾兰、棕榈、姜花、美人蕉、旱伞草、黄菖蒲、花菖蒲、路易斯安娜鸢尾、芦苇、芦竹、水葱、野灯芯草、香蒲、水烛、菰、黄花水龙、水禾、粉绿狐尾藻、苦草、金鱼藻、菹草等植物。

# 1.4 滨水植物景观类型与植被群落特征

## 1.4.1 滨水植物景观类型

### 1.4.1.1 开敞型滨水植物景观空间

指由地被和草坪营造的大面积平坦或缓坡休憩空间。从功能和时间动态上看，开敞型空间是通过植被景观欣赏水体变化的透景空间（线），对滨水沿线景观的塑造和组织起到重要作用。其中纵向空间基本无乔、灌木（群），或仅有少量的孤植风景树，构成开阔明快、通透感强的岸线虚景观空间。横向空间在满足水域与陆地空气对流的同时，力求改善陆地空气质量、调节陆地气温，构成水陆物质和能量交换通道。开敞型滨水植物景观带常常能吸引大量的游客聚集，成为滨河游憩中的集散滨水空间（见图1-16）。

图1-16  进退有序的林缘线在水边形成斑块化的开敞休憩空间，能够满足集会、户外游玩、日光浴等活动的需要

图1-17 低矮的地被和梨树群组合,营造小型林地斑块

图1-18 树丛式疏林景观优美和谐,构成"半虚半实"空间氛围

图1-19 密林具有最佳的围合或屏障效果,且林下空间幽静、自然,是林间漫步、吸收负离子、休闲乐活、寻幽探险、享受自然野趣的最佳场所

### 1.4.1.2 稀疏型滨水植物景观空间

稀疏型滨水植物景观带是主要由稀疏乔、灌木组成的半开敞型绿地,营造以稀疏型林地空间为主体的植物景观带。它与开敞型滨水植物景观带一样,具有水陆交流功能和透景作用,但其通透性较开敞型稍差。从植物群落组合特征来看,该种类型主要以乔木、灌木的种植方式,或多株组合,形成树丛式景观;或小片群植,形成分散于绿地上的小型林地斑块(见图1-17)。

从空间氛围营造手法来看,稀疏型滨水植物景观带通过植物群落空间组合构成岸线景观半虚半实的空间(见图1-18)。其独特之处在于半隐半透效果,在虚实之间,创造了一种似断似续、隐约迷离、神秘的特殊效果。

从空间功能构成角度看,稀疏型滨水植物景观带空间常通过宽阔舒缓的草坪,点缀几棵浓荫大乔木来构建,通过丰富多彩的观赏植物景观来展现季相变化,配以适量的休闲娱乐设施,以满足游客休闲娱乐、旅游观光的不同游玩功能需求,尤其适于在炎热地区开展游憩、日光浴等户外活动。

### 1.4.1.3 密林型滨水植物景观空间

密林型滨水植物景观带是由乔、灌、草组成的结构紧密的林地,郁闭度基本在0.7以上,具有郁闭型密林地特征。该种滨水植物景观空间结构稳定,密林外貌特征明显,多成为滨水绿带中重要的风景林或防护林(见图1-19)。在植被景观空间上,密林型滨水植物景观构成岸线景观空间效果,保证水体空间和城镇空间的相对独立性,具有一定风景屏障和防护廊道作用。在景观生态空间上,密林型滨水植物景观带兼具水土保持、环境改善,以及提供野生生物栖息地和保护生物多样性等作用。

### 1.4.1.4 湿地型滨水植物景观带

湿地型滨水植物景观带是指介于陆地和水体之间的滨水过渡性地带,不论天然或人工、永久或短暂的沼泽地、湿原、泥炭地或水域地带,带有静止或流动的淡水、半咸水或咸水水体的地带(包括低潮时水深不超过6米的水域）。湿地通常分为自然湿地和人工湿地两大类，其中自然湿地主要指沼泽地、泥炭地、湖泊、河流、海滩和盐沼等；人工湿地主要包括水稻田、水库、池塘等。湿地型滨水植物景观带具有保护生物多样性、蓄洪防旱、保持水土、净化水源、调节气候，以及供观光、游憩，或进行科学考察等作用（见图1-20）。

### 1.4.2 滨水植被群落特征

#### 1.4.2.1 水（湿）生植被群落特征

水生植被群落是指具有亲水性和喜水性特点，生长在水中或紧靠水体边缘的植物群落。"草本＋小灌木"型湿生植物组合模式，植被群落数量繁多、形态低矮，呈现亲切的感知、感受空间，具有显著的湿地生态环境特征和生态过渡效果，如具有密丛、亲水、多湿、喜阴等特征（见图1-21、图1-22）。

#### 1.4.2.2 水缘过渡带植被群落特征

水缘过渡带植被群落在物种组合上包含有耐湿植物与陆地生长的植物，植被群落具有典型的陆地生长特性，且紧靠水生植被群落分布。具有"乔＋灌＋草"型陆生植被组合模式，乔木、灌木为主题植物群，草坪和地被群落组合逐步趋向简单化，以点缀和四季变化嵌入配置为主（见图1-23）。

图1-20　湿地上的中山杉林野趣横生，是水生动物聚居的良性空间

图1-21　水中的植物群落与覆盖于岸边的喜水植物群落交错生长，既拓展了水体空间，又构建了适于人类亲近的观赏空间

图1-22　观景步道和由水入林，渐变序列的纵横手法营造了密丛和亲水性的景观空间

图1-23　"乔＋灌＋草"四季变化观赏景观模式，其空间封闭与开放的手法运用得恰到好处

### 1.4.2.3　远水陆生植被群落特征

远水陆生植被群落因其距离水体较远，植被群落的景观环境受到人为干扰较严重，植被群组合呈现强烈的人工化痕迹，残存的植被极少，常常通过景观规划设计，模拟原生生态植被群落，在滨水地段以人工化植被群系统性的规划布置为主（见图1-24）。远水陆生植被群落通过"乔+灌+地被+景观设施"型陆生植被组合模式，经过系统性规划设计分析，选择适应于当地的乡土树种，结合康体设施、文化广场、健身步道和景观小品等景观设施，通过植物的四季变化来模拟理想宜居的植被景观环境。

图1-24　通过时间的洗礼，原来的人工滨水空间景观已演变为自然和人员活动和谐统一的滨水空间

# 1.5　滨水植物景观作用

### 1.5.1　景观视觉作用

滨水植物景观空间作为自然景观与人工景观交融的城镇开放性的公共空间，是生态植被和生态艺术融合的结果。从景观生态学角度看，滨水植物空间是城镇宜居的窗口，其生态的复杂性、融合性和敏感性与城镇功能的复合性使城镇滨水绿地空间的建设极为重要。其康体乐活、景观廊道、视觉屏障和断开等景观功能，在规划设计和营建过程中需要有机的、系统的体现。

### 1.5.2　维持生态平衡作用

#### 1.5.2.1　调节气候与水文

滨水植被群落在汇水蓄水、改良土壤、净化空气、调节水分、调节径流、防洪抗涝、净化污染水体、补给地下水和维持区域水系平衡中发挥着重要作用，能造就区域环境的小气候效应，构成了微环境生态平衡系统（见图1-25、图1-26）。

图1-25 在沿海滩涂绿地，滨水植物结合毛石驳岸，可以削减海浪的冲击力而保护堤岸，防止海岸被浸蚀

图1-26 海边密植的柳树，在消落区逐渐形成独自的生长群系，形成了防洪抗涝植物群落景观

#### 1.5.2.2 保护生物多样性

滨水植物群落生长在水陆交错区域，其复杂的生态环境是城镇最具生物多样性的生态景观空间，其区域内水陆景观的异质性和边缘效应较强，生物多样性比周边区域地带高，然而，丰富的生物群落、高生态效应往往也是生物多样性容易丧失的地区。拥有自然生长的滨水植物、蓝绿色的水面、飞翔的水鸟、水生昆虫，以及市民亲水活动设施等（见图1-27）。复杂多样的滨水植被群落，为野生动物，尤其一些珍稀濒危物种提供了良

图1-27 城镇滨湖岛屿是鸟类栖息地，也构成了水体的"活景观"和人类的"聚景观"

图1-28 湿地区常用大面积的芦苇形成水体存蓄和净化植物群落，也为野生动物提供优质栖息地

图1-29 社会主义核心价值观主题滨水公园

好的繁殖、栖息、迁徙、越冬的场所（见图1-28）。

#### 1.5.2.3 经济生产价值

滨水植物除水体净化、观赏、调节气候等生态景观价值外，还具有较高的生产价值，是集农业、盐业、渔业、养殖业和编织业为一体的多元性生产资料。诸如，喜水生长的芦苇，是造纸、编织的好原料，特别是在现代工艺品市场，各类工艺品编织已成为一个产业链。水草作为对河蟹生长极为重要的环境因子，为河蟹提供栖息、觅食、避敌、躲藏和蜕壳的必备场所，还能净化水质，为河蟹提供其他饵料缺乏的维生素、粗纤维等物质。还有，如莲藕、茨菰、莼菜、水芹等都是上好的蔬菜。

#### 1.5.2.4 科普教育价值

原生态的滨水植被群落空间、各类滨湖地带和湿地风景区往往是城镇生态科普教育基地，其复杂的生态系统、多元化的动植物群落、特有或珍稀濒危物种等，都可作为面向群众的科普教育和实践教育资源。而现代城镇滨水景观空间的营造，融入一些现代化的主题文化，在传承历史文脉的基础上，发扬创新，烘托各类滨水景观空间，为市民提供宜居环境的同时，将滨水植被空间打造成展现城镇文化、进行科普教育和学习的场所（见图1-29）。

# 第 **2** 章

# 滨水植物景观设计概述

# **2.1** 国内外滨水植物景观设计简史

### 2.1.1 国内滨水植物景观发展现状

#### 2.1.1.1 滨水植物景观发展历史

中国园林从殷周开始出现，以囿为最初形式，秦汉由囿发展到苑，唐宋由苑到园，这种造园活动的内容和模式一直传承到清朝。从古至今，我国利用滨水植物的历史十分悠久，从识别、栽培到造景都积累了较为丰富的实践经验。《周礼》记载："园圃树果瓜，时敛而收之"，既然园圃树果瓜，不难想到，对植物的亲觅和种植。春秋时期《诗经》中记有："彼泽之陂，有蒲有荷。"《管子·轻重甲篇》云："春日事，次日获麦，次日薄芋，古教民种芋者，始此矣。"说明我国在荷、芋栽培上已有2000多年历史。

秦汉时期，开始出现园林山水造景。张衡《西京赋》中对汉武帝上林苑昆明池有记载："乃有昆明灵沼，黑水玄址。周以金堤，树以柳杞。豫章珍馆，揭焉中峙。牵牛立其左，织女处其右"。《两京杂记》记载："太液池西有一池名孤树池，池中有洲，洲上黏树一株六十余围，望之重重如盖，故取为名"，所描绘的无不是植树造池的宏伟景象。

魏晋南北朝时期，是古代中国园林史的一个转折。文人雅士厌烦战争，玄谈玩世，寄情山水，风雅自居。纷纷开始自选园址建造私家园林，把自然式风景山水缩写于自己私家园林中。如西晋石崇的"金谷园"，是当时著名的私家园林。这一时期的自然山水园林的演变，为唐、宋、明、清时期滨水园林建造艺术的高成就打下了坚实的基础。

隋唐时期是中国封建社会的全盛时期，这一时期的滨水园林建造技艺也大为发展，在中国造园史上留下了许多令后人炫目的园林艺术作品。文人诗文对滨水园林植物景观的描述也很唯美，可以看出唐代，滨水园林艺术的昌盛状况，如白居易《东溪种柳》："野性爱栽植，植柳水中坻。乘春持斧斤，裁截而树之。长短既不一，高下随所宜。倚岸埋大干，临流插小枝。"是关于柳树栽植方法的记载。

宋元明清时期造园内容由山居园林转向城镇山水园林，造园方式由因山就涧转向人造丘壑。明清时期园林景观中水景艺术达到了显著的水平。《园冶》中所述："江干湖畔，深柳疏芦之际，略成小筑，足征大观也"。《长物志》所述：垂柳"更须临池种之，柔条拂水，弄绿搓黄，大有逸致。"清代，唐岱《绘事发微》提到：水边湖岸植树，应选"耸直而凌云"高大树群，或营造"敧斜探水"状的景观形态。

总结我国古典园林滨水植物景观中滨水植物选择，基本是柳、杉、榆、槐、菖蒲、芦苇、荷花、菱、萍、荇、藻类等。其中以柳树为最，几乎每处水滨都会用到柳，可见柳树自古是著名的园林风景树种，要"深柳疏芦"，配置在"江干湖畔"，依依拂水，碧波绿丝，与水景相映成趣。

### 2.1.1.2　学术著作和学术课题研究

我国造园至今已有数千年历史，但城镇公园营造却只有百年之余，特别是城镇滨水公园的研究是近几十年随着世界滨水公园的发展而发展起来的。在滨水景观设计方面，也陆续出版了一些著作。近年来，为全面进行城镇绿化建设，化工出版社组织编制了《绿化景观设计丛书》，其中，叶乐主编的《优秀景观楼盘植物景观设计》《美丽校园植物景观设计》、赵艳岭主编的《城市公园植物景观设计》等均有论述到城镇滨水植物景观设计的内容。另外，各大院校的相关硕士论文及期刊关于这方面的研究主要分为城镇滨水公园系统规划研究和城镇滨水区绿化研究两大类，这两大类均没有针对性地系统研究城镇滨水公园植物景观设计。

### 2.1.1.3　滨水植物景观意境营造研究

中国传统园林植物景观受中国"天人合一"哲学思想的影响，植物造景最大限度地追求自然景色，尊重植物自身的自然生长特性，任植物自然生长，最终表现在人与自然同在，并与天地自然融为一体，和谐共生。纵观中国传统园林植物景观，对滨水植物景观营造围绕"境"而展开，大致可分为两种表现方式："物境"，即单纯地模仿自然山水风景；"意境"，即不受限制的写意造景。

（1）传统园林的"物境"景观　"物境"营造，即通过仿照天然植物景观来选择和配置植物，利用源于植物自身的观赏性，进而展现自然的美丽，其种植设计也充分利用场地与周围环境，效仿大自然中的山川、河流、小溪等环境下的植物景观。水体、植物、山石、建筑为"物境"空间营造的四大要素，特别是水体的营造起着核心的作用（见图2-1）。

"物境"营造的核心在于单纯地模仿自然山水风景。江南园林驳岸常采用池沼的处理方法，整个驳岸以斜坡的方式向池中渐变，岸边以水菖蒲、茨菰、菰等沼生植物进行美化，有的也采用简单的草坡。也常在驳岸处做假山驳岸或铺设条石，在植物配置上则在沿水一面种植迎春、探春等低矮的不挡游人视线的植物，另用植物枝条悬垂于驳岸，或通过种植薜荔、络石爬假山等特殊的营造方法也较为常用。为营造古朴的虚幻的滨水景观，常常使枝条伸向水面，营造柔条拂水，低枝写境的滨水画面，著名的个园、拙政园就是世人皆知的经典案例（见图2-2、图2-3）。常用的滨水植物有垂柳、鸡爪槭、玉兰、碧桃、枫香、梅花、杏、雪梨、垂丝海棠、夹竹桃、山竹、华山松、枫杨、榔榆、朴树、清香木等。

图2-1　古典园林中水体、植物、山石、建筑共同营造的"物境"空间

图2-2　西湖苏堤春晓：新柳如烟，春风怡荡，好鸟相鸣，意境动人

（2）传统园林的"意境"景观 "意境"被称为中国传统园林的最高境界，通过选择富有寓意的植物进行配置，展现植物景观观赏人的某种情怀或传达诗情画意的情趣。文人雅士营建的园林中讲究"意境"的营造，造园不仅是单纯地模仿自然山水，而且是适当地概括和提炼"寄情于自然山水"的文化内涵，在滨水植物造景中赋予了大量的文化内涵，"诗情画意、情景交融"已基本成为一种滨水植物景观营建的模式（见图2-4）。常

图2-3　个园中一景，整个构图中竹、门、石等和谐统一，整个意境"虽由人作，宛自天开"

以三五株配置形成林的效果，这与园林空间中的小中见大具有相同的寓意，但也有表现群植整体效果的植物景观，如各类极富观赏性特色的植物专类园。

（3）现代园林的"生态文明" 城镇生态文明建设与可持续发展战略为现代园林植物景观的建设提供了优越的发展契机，我国在现代城镇滨水公园植物景观营建中更为关注改善滨水生态环境和提升生态服务大众意识。随着"城镇双修"、"海绵城镇"等生态环境战略的推

图2-4　福州永泰万科城，住区与山水植物融为一体

图2-5　"海绵城镇"理念指导下的金华燕尾洲公园

进，滨水植物景观营建也逐渐受多元文化影响和面向不同行业开放（见图2-5）。近些年植物景观营建在不同的领域与层面都取得了诸多成就，生态文化建设和可持续发展方面的中国特色理论，也为今后的植物景观理论研究奠定了基础。

#### 2.1.2　国外滨水植物景观发展现状

16世纪，意大利人开始用睡莲做公园的水景主题材料，古埃及人把热带睡莲作为太阳的象征来崇拜，因而睡莲成为非常受喜爱的水生花卉和各种祭典和礼仪活动的重要饰品。17世纪初，西方风景园林营建受古典主义的影响，强调风景园林营建中要注意花草树木的品种、形状和颜色的多样性使用原则。18世纪，英国自然风景园林的出现打破了千百年欧洲规则式园林的理想传统，并且很快风靡。英国造园大师Lancelot Brown将200余个规则式园林改造成为自然式园林，重点以曲线代替直线，曲折有致的河流，有收有放，驳岸配置自然式的树丛群、孤立树和花灌木，一些废弃或死亡的倒木也不予清除，任其横向水面，倒也自然有趣。19世纪末，植物新品种和植物形态的培育在欧洲各国得到关注。

20世纪初，美国园林植物造景设计中使本土植物在植物景观设计中得到广泛应用，并强调植物种植设计应结合本土植物的生物学特性。20年代后，随着城镇环境生态问题被广泛关注，生态园林的雏形在西方国家开始逐步形成。60年代后，随着生态环境问题成为全球的热点，植物景观开始在以环境科学、生态学、现代美学及艺术相关知识等学科指导下进行研究，西方各国将生态学原理应用于城镇绿地规划中。从20世纪70年代开始，以美国为中心开始开展风景园林"景观评价"的研究，一直持续至今。主要的评价学派有专家学派、心理物理学派、认知学派、现象学派。从20世纪80年代开始，现代景观中生态学思想在植物景观设计中得到充分体现。国外比较成功的案例如：位于旧金山的猎人岬滨水公园、查尔斯顿的查尔斯顿滨水公园、安哥拉罗安达湾滨海景观（见图2-6）。

从20世纪末21世纪初，倡导建设生态和可持续植被景观环境，让自然回归城镇的发展理念开始影响着现代滨水植物景观的设计。1990年，日本提出森林城镇建设的目标，发展到现在已经形成规模并富有浓郁的文化氛围。2000年，加拿大提倡让自然植被回归城镇，因此掀起一场向人工草坪告别的运动。

# 2.2 滨水植物景观设计原理

滨水植物景观规划设计是指以具有较高观赏价值的湿生或喜水性植物为材料，充分利用植物的自然美和生态特性，运用科学与艺术手法，营建滨水植物群落，再现滨水绿地的自然景观和生态功能，又称滨水植物景观构建。有关滨水绿地和生态恢复的理论很多，但专门针对滨水植物景观规划设计的理论未见报道，通过分析整理相关研究理论，认为城镇滨水植物景观规划设计，应在诸如生态设计理论、生态位理论、群落原理、生物多样性原理、湿地恢复理论、生态演替原理、竞争原理、主导因子原理、耐性定律和耐性限度理论等基础理论指导下进行。

图2-6　罗安达湾迷人的海岸景色，这里是最重要的公共空间和社交、经济活动的中心

## 2.2.1 生态设计理论

现代意义上的生态设计是指任何与生态过程相协调，尽量使其对环境的破坏影响达到最小的设计，这种协调意味着设计应尊重物种多样性，减少对资源的剥夺，保持营养和水循环，维持植物生境和动物栖息地的质量，以改善人居环境及维护生态系统的健康。生态设计的几条基本原理如下。

（1）场所性　设计应立足于场所文化，尊重传统文化和乡土知识，适应场所自然过程，应用当地材料（如乡土植物）。

（2）循环自然资本　一是保护不可再生资源；二是减量（Reduce），尽可能减少包括能源、土地、水、生物资源的使用，提高使用效率；三是再用（Reuse），利用废弃的土地，原有材料，包括植被、土壤、砖石等服务于新的功能；四是再生（Recycle），循环使用物质与能量。

（3）让自然能动　自然界没有废物，自然是具有自组织或自我设计能力的，生态设计意味着充分利用自然系统的能动作用。

（4）显露自然　生态设计回应了人们对土地和土地上的生物的依恋关系，并通过将自然元素及自然过程显露来引导人们体验自然，唤醒人们对自然的关怀。

### 2.2.2 生态位理论

生态位理论应用到城镇滨水植物景观规划设计，主要包括以下思想：一个稳定的群落中占据了相同生态位的两个物种，其中一个终究要灭亡；在规划和恢复滨水绿地植物群落时，应充分考虑植物的生态位，避免相同生态位的滨水植物在同一个植物群落中出现。同样在一个稳定的滨水植物群落中，由于各种群在群落中具有各自的生态位，种群间能避免直接的竞争，从而又保证了群落的稳定；一个相互起作用的生态位分化的滨水植物种群系统，各种群在它们对群落的时间、空间和资源的利用，以及相互作用的类型方面，都趋向于互相补充而不是直接竞争。在滨水植物景观规划设计时，要充分利用错位、分化的多种植物种群的相互补充，一同形成稳定的群落。

### 2.2.3 群落原理

植被群落是一个新的整体，一个新的复合体，具有个体和种群层次所不能包括的特征和规律。在滨水植物景观营造中，植物群落的形成必须是生态的、艺术的、功能的、经济的单一或综合效果。植被群落由其组成成分和结构，表现出一定的形貌和内部、外部的生理、生态关系，从而导致对一定栽培技术措施的需求。在营造滨水区植物景观时需要将喜水性植物和水生植物相互配置在一个群落中，有层次、厚度、色彩，使喜阳、喜湿、耐阴植物各得其所，构成一个和谐、有序、稳定而能长期共存的复层混交植物群落。在植物群内引入各种昆虫、鸟类，还有土壤中的微生物，形成新的食物链。

### 2.2.4 生物多样性原理

根据联合国《生物多样性公约》，生物多样性是指"所有来源的形形色色的生物体，这些来源包括陆地、海洋和其他水生生态系统及其所构成的生态综合体；这包括物种内部、物种之间和生态系统的多样性"。在滨水区进行植物景观设计时，为了形成一个稳定的生态群落，需要遵循生物多样性原理，以本地物种为主，适当引种，尽量增加滨水植物的种数，丰富群落的物种数量，做到四季有景可观。尤其是水生植物，在进行滨水区植物景观设计时，选择多种水生植物有层次地配置，不仅有助于鱼类的生存繁殖，而且有利于整个滨水区生态系统的稳定。

### 2.2.5 湿地恢复理论

湿地恢复是指通过生态技术或生态工程对退化或消失的湿地进行修复或重建，再现干扰前的结构和功能，以及相关的物理、化学和生物学特性，使其发挥应有作用。目前，湿地退化的重建和人工湿地构建是城镇湿地发展的重点，主要基于自我设计和设计理论、入侵理论、河流理论、洪水脉冲理论、边缘效应理论和中度干扰假说等应用性理论。

### 2.2.6 生态演替原理

演替的概念是Warming（1896）和Cowles（1901）在研究密执安湖边沙丘演变为森林群落时提出的，后来，Clements和Tansley等对此加以完善，进一步提出单元顶级学说（Monoclimax Hypothesis）和多元顶级学说（Polyclimax Hypothesis）。任何一个生物群落虽然都有一定的稳定性，但并不是静止不变的，而是随着时间的进程处于不断的变化和发展之中，因而，是一个运动着的动态体系。在自然条件下水生演替通常在水域和陆地环境交界处进行，常见的淡水湖湿地演替过程包括自由漂浮植物阶段、沉水植物群落阶段、浮叶根生植物群落阶段、挺水植物群落阶段、湿生草本植物群落阶段和木本植物群落阶段。

### 2.2.7 竞争原理

竞争是共同利用有限资源的个体间的相互作用，竞争会降低竞争个体间的适合度。在进行滨水区绿化时，可以选用的植物种类非常丰富，但是需要对选用植物之间的竞争关系有所了解，避免由于竞争而导致景观退化或者破坏。尤其在群落中间层的植物，搭配时更加需要考虑竞争因素，因为往往同层植物对同种资源存在激烈的竞争。所以在滨水区进行植物群落的建造时，乔、灌、草每层植物的选用都应考虑竞争关系，速生与慢生植物、常绿与落叶植物相结合，进行合理搭配。

### 2.2.8 主导因子原理

生物学范畴的主导因子是指生物体赖以生存的诸种生态因子中一两个对生物体的生长发育起关键性作用的因子，又称限制因子，即生物的存在和繁殖依赖的综合作用的各种生态因子中限制生物生存和繁殖的关键性因子。在滨水区进行植物景观设计时，水分因子是影响植物景观的主导因子。植物如果不能忍受水淹或者潮湿的环境，植物就无法生存下来，更不用说构成植物景观了。所以在滨水区进行绿化时必须选择水生植物或者湿生植物，才能形成比较稳定的植物景观。

### 2.2.9 耐性定律和耐性限度理论

耐性定律指出生物的存在与繁殖，要依赖于某种综合环境因子的存在，只要其中一项因子的量（或质）不足或过多，超过了某种生物的耐性限度，则使该物种不能生存，甚至灭绝。而耐性限度是指生物种在其生存范围内，对任何一个生态因子的需求总有其上限与下限，两者之间的距离就是该种对该因子的耐性限度。在设计滨水植物群落时，应充分实掌握生态胁迫的主导因子，如干旱、水淹、污染、遮阳等，在选择喜水性植物时，应充分考虑植物的耐性，根据生态胁迫的主导因子，选择耐性强的植物，也可以选择广生态幅的滨水植物。有条件的规划设计，可以通过干旱胁迫生理研究、耐淹胁迫生理研究、污水胁迫生理研究和光响应曲线的测定来模拟自然生态胁迫环境，测定湿地植物的耐性程度，选择出合适的耐性植物进行滨水植物景观规划设计。

# 2.3 滨水植物景观设计发展趋势

### 2.3.1 田园城镇和生态城镇发展思想

#### 2.3.1.1 近代田园城镇规划理论及其发展

1880 年，奥姆斯特德设计了"翡翠项圈"，在《公园与城镇扩建》一书中还提出城镇要有足够的呼吸空间，要为后人考虑，要不断更新和为居民服务。1898 年英国社会活动学家霍华德在

他的著作《明日，一条通往真正改革的和平道路》中提出田园城镇（Pastoral City）的城镇规划设想，主张人类向自然的回归，体现人本主义的思想。20世纪30年代赖特提出"广亩城镇"，主张将城镇分散到广阔的农村中去，是田园城镇追求田园自然的城镇空间构想的延伸。城镇滨水区作为城镇水陆的边缘，是引导城镇发展和保存城镇中自然生态环境最好的地区，水系与城镇边缘相接处的带状延伸符合城镇分散和扩展的条件，水系沿线植被景观群落成了现代城镇的保护缓冲带，滨水空间营造应充分吸取田园城镇的建设思想。

#### 2.3.1.2 生态城镇的理念

20世纪70年代，人与生物圈（MAB）计划提出"生态城镇（Ecological City）"理念，并在20世纪80年代发展成熟，推动全球掀起保护生态环境的高潮。我国在建设城乡一体化"山水城镇"理念的影响下，强调多层次、多功能、立体化、复合型的生态城镇理念，通过构建与城镇建设体系相平衡的自然生态体系，形成城乡生态安全格局，使其具备生态良性循环功能。水系生态景观建设已经被提升到了一个新的高度，水绿生态网络建设成为城镇可持续发展的基础。

### 2.3.2 湿地恢复战略思想

我国的湿地类型可分为自然湿地和人工湿地，主要包括沼泽湿地、湖泊湿地、河流湿地、海岸滩涂、浅海水域、水库、池塘和稻田等（见图2-7）。我国湿地正面临着退化和消失的威胁，对退化湿地如何进行恢复，使湿地资源能健康、稳定、可持续发展已成为摆在我们面前的一项艰巨任务，今后研究应重点关注湿地评价、预测预警、生态补偿机制和基础理论、区域化综合研究、景观多样性、生态系统多样性、遗传多样性、基因多样性和生物资源数据库等方面。在城镇滨水空间营建过程中，应基于湿地评价合理划分等级，建立全球湿地退化指标体系和阈值、退化景观空间格局指标体系等，长期定位观测和模拟湿地生态——生物——物理——化学过程，预测其退化演替规律。滨水空间设计应强调湿地科学的理论体系和基础，综合气象学、水文学、社会学和调查统计学等原理，充分利用湿地生态补偿机制和基础方法论。根据不同空间尺度营造湿地浮游生物、无脊椎动物、微生物和底栖动物等物种

图2-7 杭州西溪湿地景观

迁移和基因流动的栖息空间。

### 2.3.3 海绵城镇规划思想

近年来，我国正面临着水资源短缺，水质污染，洪水，城镇内涝，地下水位下降，湿地生物栖息地丧失等各种各样的水危机。这些水问题的综合征带来的水危机并不是水利部门或者某一部门管理下发生的问题，而是一个系统性、综合性的问题，我们需要一个更为综合全面的解决方案，"海绵城镇"理论的提出正是立足于我国的水情特征和水问题。海绵城镇，是新一代城镇雨洪管理概念，是指城镇在适应环境变化和应对雨水带来的自然灾害等方面具有良好的"弹性"，也可称之为"水弹性城镇"。国际通用术语为"低影响开发雨水系统构建"，下雨时吸水、蓄水、渗水、净水，需要时将蓄存的水"释放"并加以利用。

2012年4月，在《2012低碳城镇与区域发展科技论坛》中，"海绵城镇"概念首次提出后，国家一系列海绵城镇建设策略逐步开展。国务院办公厅2015年10月印发《关于推进海绵城市建设的指导意见》(以下简称《指导意见》)，部署推进海绵城镇建设工作，明确到2030年，达到城镇建成区80%以上的海绵城镇面积目标。至此，我国未来城镇建设将进入一个"海绵城镇"建设探索的黄金期。

第**3**章

# 滨水植物景观设计原则

## 3.1 滨水植物选择原则

### 3.1.1 群落多样性原则

滨水植物选择应依据滨水生态系统特点，遵循滨水植物的生态位特征，借鉴自然滨水区植物群落的种类组成、结构特点和演替规律，构建以木本滨水植物为骨架、草本滨水植物为主体的生物多样性群落，提高单位面积生物多样性指数，形成健康、稳定、高效的近自然湿地植物群落，为滨水区动物提供优质的食物来源和良好安全的栖息环境，以提高城镇滨水绿地的生物多样性。

### 3.1.2 耐水湿性原则

宋代陈翥《桐谱》："桐之性，不耐低湿，惟喜高平之地，如植于沙湿低下泉润之处，则必枯矣。"唐代《酉阳杂俎》："南海有睡莲，夜则花低入水"；"水韭，生于水湄。"两个相仿的记载均讲述我国历代植物耐水湿能力的使用历程。水陆的交界处是营造滨水生态的重点地区之一，风景园林设计师最初应考虑水位的变化，选择耐水湿性好的植物，并依据水位的高低而选用耐水性不同的植物，形成多样的水生、湿生植物景观。

### 3.1.3 地域文化性原则

在城镇滨水植被景观空间营造中应尽量保存原生植被群落，利用乡土树种，营造可持续的地域乡土景观。首先，通过考虑区域气候条件与水位、水质、土质等立地条件，以及水生植物的生物学特性和生态学习性进行物种选择。其次，根据不同水位条件选择

图3-1 以生态修复为主的河道，主要选择净化水质能力强的乡土水生植物

图3-2 以观赏、游憩为主要功能的河道绿地，选择观赏性较强的乡土水生植物

图3-3 有历史文化特质的河道绿地，主要选择历史上曾经应用或者与该地域文化特质相关的水生植物

适应性较强的水生植物群，完善水生植物群落，提高水体生态系统的自净能力。此外，根据河道的功能以及总体设计风格选择水生植物（见图3-1~图3-3）。

### 3.1.4 景观生态性原则

从生态学的角度看，滨水植物种类的选择，最终在于模拟自然滨水植物群落，构建多空间和多种组织形式的绿地格局。在滨水植物景观设计中，应立足滨水区域场所生态环境，遵循生境相似性原则，以地带性喜水性植物作为地方滨水景观规划设计的主要素材，适度引进外来生态安全的特色滨水植物，构建具有地方区系和植被特征的城镇生物多样性格局。

### 3.1.5 经济节约性原则

在选择滨水植物时，要注意经济节约原则，首先，从滨水植物素材配置来看，以乡土喜水性植物为主，以区域范围内的常见喜水性植物为主体，减少投资，方便管理；其次，从收益来看，滨水植物群落以生态保护等生态功能为主，考虑到滨水区带状绿地有一定的规模，应增加滨水地区的生态开发，如种荷、植菱、养鱼、供材、旅游等，增加收入，以维护滨水区绿地滨水生态景观系统健康和可持续发展。

### 3.1.6 功能综合性原则

滨水植物景观规划设计时，应基于其多功能特征，充分考虑喜水性植物的生产、景观、生态、文化教育、安全等功能。增加滨水景观、改善滨水环境、增加水体环境产出，发挥滨水植物的多种功能，方便市民参与城镇滨水地区建设与管理，从而使滨水绿地具备人与景观和谐共处的综合性功能。应该将滨水绿化植物与亲水广场、休憩设施、景观建筑、亮化系统、导识系统、假山叠石等结合在一起，再结合借景、对景、漏景、障景、限景、夹景、分景、接景、返景、点景等植物群落的组景手法来规划设计滨水植物景观。

# 3.2 滨水植物造景原则

## 3.2.1 总体规划优先原则

现代景观规划设计涵盖的内容更加广泛，尺度更大，知识面更广，涉及的因素更多，是面向大众群体的，强调狭义景观设计、大地景观规划和行为精神景观规划设计的综合。在对城镇滨水绿地进行设计时，应将城镇滨水绿地看作是城镇规划中的一部分，而不应仅将其看作是一个独立的个体，即不能只顾滨水绿地的景观设计，而忽略了城镇滨水绿地对整个城镇发展的影响。同时，应当在满足其基本使用功能的前提下，综合考虑城镇滨水绿地的生态、景观、防洪等功能，把城镇滨水绿地规划为复合的、多功能兼顾的城镇公共空间。因而不同项目的植被景观设计必须将营建的植被景观融入城镇整体的景观当中，而不是独立于景观之外，使不同滨水植被景观的景点与整个城镇其他景点联系起来，充分体现在"山、水、城、园"城镇格局中的地位和作用（见图3-4）。

## 3.2.2 场所文化营造原则

场所精神（Genius Loci）途径属于现象学派的一个途径，旨在认识、理解和营造一个具有意义的日常生活场所，一个人栖居的真实空间。滨水景观设计的本质是显现场所精神，

图3-4　安哥拉罗安达湾，线型的滨海绿化带，无疑是城镇的一部分

图3-5　北京大学未名湖，"客戏游鱼近，柳展暖风亲。春桃悄绽蕾，恐惊读书人。"徜徉在未名湖畔，感受其幽美的自然环境和独特的人文魅力

以创造一个有意义的滨水景观空间，使人得以栖居。滨水场所精神空间强调把景观视为是由一系列场所空间构成，场所则由空间和氛围来烘托。城镇滨水绿地看似是一个休闲娱乐的休憩场所，但在实际的设计过程中应充分体现以人为本的原则，挖掘城镇的历史文化特色，利用园林景观的设计方法加以表达，充分体现城镇的历史文化底蕴，突出城镇景观特色，保持历史文脉的连续性（见图3-5）。还应注重所设计内容与周围环境的协调性，以进一步提高城镇的历史感、文化感和趣味性，突出城镇特色。

### 3.2.3　倡导生态美学原则

城镇滨水区景观空间具有水域和陆域双重地域特征，是一个复杂的生态系统，在进行滨水植物景观设计时，应尊重其复杂性、脆弱性，利用生态景观美学原理进行植物群落设计，保护生态元素，营造其色彩美、线条美和意境美（见图3-6～图3-8）。首先，考虑冷色与暖色的运用，强调色彩的调和。其次是前景与背景的合理搭配。还有，就是巧用色彩，突出滨水景观氛围。

图3-6　云南丽江黑龙潭湖岸种植耐湿的高大乔木，水际边散植水生植物，而树叶的颜色随着季相的变化，深浅不一，与水面的倒影亦协调自然

图3-7 厦门美仁园的嬉戏空间，进退有序的水系曲线，在增添水岸空间与景观变化的同时，变化的曲线使滨水植物营造出一条蜿蜒曲折的绿色走廊

图3-8 居住区中心轴线的景观通道传承着我国传统"周礼"的艺术思想

图3-9　捞渔河潮汐景观对原生中山杉的保护

图3-10　加强上中下复层结构的应用，林冠层、下木层、灌木层和地被层多层次组合

### 3.2.4　保护原生植被原则

尊重滨水区自然地理状况、实地现实景观状况，是做好滨水植物配置规划的首要条件。随着生态理念深入人心，越来越多的风景园林设计师在进行滨水区植物景观设计时，往往以原有植被为基础，适当地种植植物，以保护和恢复滨水区原有自然植物景观类型为目的，这样不仅可以形成优美的植物景观，而且可以建造一个稳定的滨水生态系统。滨水地区遗留下来的植物经过长期的滨水自然环境选择后，对滨水区有着高度的生态适应性，多是乡土植物的代表（见图3-9）。此类树木不仅有文化底蕴深厚、生态适应性强、管理方便等优点，而且有利于增加滨水区的生物多样性。所以，在滨水区植物景观设计过程中，当地环境中己有的古树和名木，要毫不犹豫地保留下来，用标本式种植加以保护和强化。并且依托他们进行区域性植物景观群落改造建设，它们不仅仅是历史环境变迁的一种见证，更是体现地域环境特征的要素之一，能够很好地适应当地生态环境，突出地方特色。

### 3.2.5　构建复合群落原则

传统的滨水区植物景观设计往往过多地强调植物的多样性，大量使用不同的植物或品种，创造"色彩斑斓"的植物景观，但只体现了植物的个体美和局部效果。现代滨水区植物景观设计注重植物群落的构建，并不是植物种类越多越好。通过参照自然的植物群落，利用植物的不同特性，适时加强上中下复层结构的应用，加强乔、冠、草，藤本、地被高中低的搭配，构建复合的仿自然植物群落，重视植物景观的稳定性和整体效果（见图3-10）。滨水植物设计应遵循物种多样性、再现自然性、构建复合植被群落的原则，遵循自然水岸植被群落的组成、结构

图3-11　洱海岸边原生的柳树，因长期受水位涨落的影响，这里已形成稳定的滨水生态环境群落

等规律，植物选择应考虑边缘效应，从自然地形和植被群落分析入手，体现陆生-湿生-水生渐变的特点。

在群落物种的选择上，应尽量遵循自然中群落稳定后的物种组成及比例，以便形成自身维持能力好、建设成本低的生态系统。在这个系统中，将乔木、灌木、草本和藤本植被因地制宜地配置在一个群落中，种群间相互协调，有复合的层次和相宜的季相色彩，具有不同生态特性的植物各得其所，能够尊重场地水位、土壤等因素，利用阳光、空气、土地空间、养分、水分等，依据植物不同的生态特性、形态特征，构成一个和谐有序、稳定的群落（见图3-11）。对于基底条件较好的滨水区域，应尽量减少人为干预，使其自然演替。对于基底已遭到一定破坏的滨水绿化区，需要人工种植的地域，应展开场所周围植物群落调查，借鉴与其相似的自然地理条件中的植物群落，根据分区和造景等的要求进行植物选择配置。

# 第**4**章
# 滨水植物景观设计要点

## 4.1 滨水植物景观设计常见问题

### 4.1.1 缺乏季相变化，栖息引力较小

近年来，学界在植物季相变化研究方面下了很多功夫，基本观点是在植物配置中增加季相变化原则。在滨水植物群落营建中风景园林设计师常因对乡土滨水植物了解不够，致使植物配置缺乏季相变化（见图4-1、图4-2），特别是冬季景观显得更为突出。由于植物品种有限，且乡土植物利用得较少，全国各地的人工滨水景观效果都相似，同质化较严重。滨水

图4-1 昆明捞鱼河湿地公园入口设计大面积的郁金香，春季时节，吸引很多游客

图4-2 昆明捞鱼河湿地公园入口在夏冬季节缺乏生气，游人稀少

图4-3                                          图4-4
水源地因种植大面积的蓄水净水植物，其整个植被群落空间在春秋季节变化较大

驳岸常常是星星点点地配置灌木丛带，规模不大，仅起到点缀空间作用，滨水植物群落与陆生植物群落交替无缓冲区，缺乏自然感的现象普遍出现。常见的如利用芦苇、菖蒲、睡莲、荷花、再力花等简单喜水性植物。还有就是滨水植物营建中缺乏生态系统平衡的营造意识，比如候鸟，它们往往被宜居的滨水生态环境所吸引，但如果滨水绿地空间只注重视觉效果，而没有配置能为它们提供食物的水草、植株或者鱼类，那滨水植物群落资源价值就没有凸显出来，而区域生态系统就无法达到平衡（见图4-3、图4-4）。

现代城镇滨水植物景观空间，由于常常是人工水体驳岸，首先考虑的是防洪问题，驳岸常设计为兼具休闲亲水、生态蓄水和防洪排涝功能为一体的综合性复式驳岸，这种复式驳岸设计没有达到生态驳岸的效果，严重缺乏能提供动物栖息环境的植被群落，栖息吸引力较弱。

### 4.1.2 整体规划较弱，缺乏计量衡量

水系作为城镇景观中重要的生态廊道，不仅是城镇重要的公共空间，而且对提升城镇形象、塑造城镇风貌特色起着积极的推动作用。但从目前滨水景观规划设计来看，缺乏与城镇总体规划、土地利用规划和国民经济社会发展规划等相关规划的衔接，而滨水植物景观群落设计则缺乏种植计量计算。传统滨水绿地规划涉及内容宽泛，缺乏统一整体性框架指导，系统内各子系统的内在联系松散，致使规划在建设过程中对水景观、水文化的实施措施有限，

图4-5 浓密的芦苇群，设计师有意流出一条栈道让游客深入其中，但由于芦苇长势太密，几乎占据道路，随时需要清理

图4-6 以青铜文化和渔民生活作为滨水公园中重点小品的主题展示，既能突出滨水设计理念的独特性，又能展示出滨水地区的历史文化

无法满足日趋发展的城镇文化建设需求（见图4-5）。在滨水空间功能区组织中，应因地制宜地通过主题特征和功能来丰富景观环境，充分考虑到滨水植物群落斑块间的流通通道。诸如在分区种植滨水植物群落时，应考虑喜水性植物和陆生植物不同的生长方式，若种植密度一旦过密，很容易对水体造成次生污染。在一些滨水植物空间的营造过程中，往往选用株、芽、丛、兜的概念做计量设计。

### 4.1.3 人工模拟雷同，场所文化缺失

滨水集聚带往往面临洪水、潮水威胁，为满足防洪、泄洪以及运输的要求，在滨水空间营建过程中防洪堤、防洪墙等防洪公共设施的营建是必需的，但这些设施又阻隔了人与水面的亲近，而这些硬质性滨水场所都很相似，缺乏生活情趣，使得滨水空间可望而不可即。而在滨水植物景观设计过程中，由于滨水植物种类有限，配置形式较为单一，景观效果没有地域特色，由于缺乏对城镇历史、文化等的深刻认识，所营建的滨水绿地过于模式化，大面积的人工草坪，或带状的行道树成为滨水植被空间设计的固定模式，缺乏地域特色，表现为趋同性。除滨水植物的地域文化特色营造之外，植物与滨水景观设施的融合营造也是滨水场所文化表现最为有效的设计手段。为服务城镇居民休闲活动，滨水区域的儿童娱乐区、湿地栈道、游艇码头、观景台、健身沙滩等应结合周围居民的各种活动，利用植物设计手法组织各种活动空间，充分挖掘城镇的历史和文化底蕴，营造滨水空间气氛，展现地域特色。城镇滨水绿地处于复杂的生态空间系统中，在滨水空间建设实践中，应充分利用当地条件，处理好复合功能与简单化设计之间的关系，加强点（如建筑遗产、文化遗产、环境小品）、线（连续不断的林荫线、驳岸线）、面（如文化广场、汇水渠道、游园等）的结合（见图4-6）。

### 4.1.4 硬质工程破坏水生系统

现代都市滨水空间建设中，人民更多的是考虑洪流问题，各地城镇政府、规划设计单位由于缺乏对城镇水系生态化、景观化带来的价值的认识，在经济利益为先导的驱动下，大量对城镇水系实施"改造运动"，直接导致自然河流萎缩、改道甚至消亡（见图4-7，图4-8）。很多滨水空间的改造，为考虑亲水性、便于游客活动和后期的管理养护，在湖底

图4-7 硬质的滨水空间，水生态系统脆弱，水体污染
严重，使人无法接近

图4-8 自然式驳岸，植物群落和水体相互依存

用硬质的钢筋混凝土做表面，驳岸修筑水泥防洪墙，彻底地将人工湖建成了"铜墙铁壁"来积蓄湖水。很多滨水驳岸几乎没有种植植物，或仅孤植了一些乔木，脆弱的滨水生态系统遭到破坏后，完全阻断了河道、湖畔和岸边植被区的信息循环，使滨水生物失去了赖以生存的栖息环境。近年来，面对城镇的拓展，特别是城镇向滨水区域拓展，硬质工程严重威胁水系的生态循环，水生态系统遭到严重破坏。城镇化进程加快造成污染增加和生活污水与工业废水的直排散排，使得湖泊数量及面积急剧下降，江河湖泊阻隔日趋严重，水系日益破碎，湖泊湿地萎缩、消失，湖泊水体自净能力下降，生物多样性衰退等问题突出。

# 4.2 滨水植物景观空间构成

## 4.2.1 景观空间类别和形态

### 4.2.1.1 滨水植物景观空间类别

滨水植物景观空间，泛指城镇滨水区周边以水生植物和岸边植物为主体组成的各种适应园林功能要求的环境空间，是滨水植物景观各种功能的整体体现。按照不同的土地使用功能，常见的滨水植物景观空间环境可以分为湿地植物景观、滨湖植物景观、滨河植物景观、住区植物景观、庭院植物景观五类（见表4-1）。

表4-1　滨水植物景观空间环境类别

| 景观区分类 | 水系景观结构 | 景观斑块布局特征 | 植物景观空间 |
|---|---|---|---|
| 湿地植物景观 | 块状+带状 | 景观斑块常根据水系网络的功能进行布局，常以"拼贴"式进行布局 | 以低矮植被为主，且更多的是考虑蓄水、净水效果 |
| 滨湖植物景观 | 块状+带状 | 景观斑块注重入湖水系空间，常营造不同文化主题的滨湖公园 | 根据不同文化主题进行植物群落配置，注重生态廊道和生态屏障的营造 |
| 滨河植物景观 | 带状 | 景观斑块沿着驳岸廊道进行"串珠状"的布局 | 植物景观空间更多地结合驳岸的形式进行配置，营造不同的驳岸空间 |
| 住区植物景观 | 带状、环形、块状 | 景观斑块较为零散，且注重细节营造和文化景观营造 | 常结合水系的空间变化营造季节性、观赏性较强的住区植物景观效果 |
| 庭院植物景观 | 点状 | 基本没有形成景观斑块，而注重精细，常常关注某一景观元素的空间布局 | 植株往往受主人主观意愿的控制，树形、冠幅和高度都要结合庭院要素配置 |

按游人在景观空间内活动的形式可以将滨水植物景观空间分为：静态滨水植物景观空间和动态滨水植物景观空间。静态滨水植物景观空间：为市民提供休憩、体验和观赏等服务功能，相对来说应营造一种较为稳定的，且围合性较强的植物空间，多结合亲水活动空间而建设。反映在空间形态上是一种趋于"面状"的形式。动态滨水植物景观空间：为市民提供体验式游览、行走的植物空间，常结合湿地栈道或滨水健身步道设置，有明显的线性廊道空间形态。从整体上来看，静态空间和动态空间是相互交融和联系的，动态空间将不同的静态空间联系起来，静态的空间中也可能包含流动性的空间，两种空间形态是相互穿插的。

图4-9　综合性的滨水空间，往往构建了"人-自然-动物"的综合性滨水环境

### 4.2.1.2　滨水植物景观空间形态

滨水植物景观空间与水体形态密切相关，主要沿水体空间外侧分布，按其植物景观空间的构成方式，可分为组合型和简单型两类。简单型滨水植物景观空间是指空间形态未经组合、形体较为简单的空间类型，主要有："口"字型滨水植物景观空间、"日"字型滨水植物景观空间、有机型滨水植物景观空间、带型滨水植物景观空间、线型滨水植物景观空间（见表4-2）。一般在城镇滨水综合公园中，单一的滨水空间类型很少独立存在，往往是由不同植物空间共同构建整体的滨水植物空间，也就是组合型滨水植物景观空间（见图4-9）。

表4-2　滨水植物景观空间形态及其特征

| 类型 | 空间形态 | 空间特征 | 优劣特征 |
|---|---|---|---|
| 简单型 | 口字型 | 形态较规则、长宽比接近1∶1的水体周边的滨水植物景观空间 | 因其本身属于大规模水体景观，比较适合营造滨水康体环境；对岸植物的景深变化单一，不易形成丰富的植物景观；植被群落单一，不易营造动物栖息环境；人流疏散路线单一，常成"环"状结构；水系较为静止，易演变成为死水系统 |
| 简单型 | 日字型 | 矩形水体中加堤组合而成的滨水植物景观，可看作是两个"口"字型空间的叠加 | |
| 简单型 | 田字型 | 基本为"口"字型或"日"字型的水体空间组合而成 | 改变了"口"字型和"日"字型静态特征；比较适合营造水体净化型湿地景观和动物栖息环境；空间斑块破碎化和异质化突出，且不适宜于大型水体环境 |
| 简单型 | 有机型 | 自然形面状的水体周边的滨水植物景观空间，复合型的原生景观环境 | 空间收放自如，宜弯则弯，宜曲则曲；沿岸观植物忽近忽远，可营造变化丰富的原生滨水植物空间效果 |
| 简单型 | 线带型 | 长宽比大于4的矩形滨水植物空间，包括水面较宽的滨河植物景观空间 | 动态的滨水空间环境；空间具有明确的方向性和纵深感；近视距内两岸景观呼应，较长区域内不产生变化，易产生单调的空间；差异性在于弦型空间比线带型空间的尺度小 |
| 简单型 | 弦型 | 水面较窄的溪涧植物景观空间或人造住区空间的"弦"状滨水景观空间 | |
| 组合型 | 线式组合型 | 一系列空间尺度、构成形式和组合功能不同的空间单元按照系列逻辑排列连接，构成"串联式"的空间结构 | 整个线式空间序列，表达着某种方向性和运动感；组合中功能丰富多样，主题突出；比较适合打造城镇空间走廊和动植物迁徙廊道；规模较大，需要长时间的规划建设 |
| 组合型 | 集中组团型 | 以"卫星城"的模式，由一个占主导地位的中心，周围分布的一定数量的次要空间，共同形成一种稳定的、向心式的空间构图形式 | 主体空间占统治性地位，其尺度突出；次要空间形式和尺度较为灵活，以满足不同的主体功能和特色景观要求；工程规模较大，需要长时间的规划建设 |
| 组合型 | 组团组合型 | 组团式植物景观空间由在形式、尺度、功能、方位等因素上有共同视觉特征的各空间单元组合而成 | 其组合结构类似细胞状的整体结构，通过具有共同的朝向和近似的空间形式紧密结合；与集中式不同的是没有占统治地位的中心空间，因而缺乏空间的向心性、紧密性；比较适宜于打造斑块式的附属中心 |
| 组合型 | 包容组合型 | 在一个主体植物空间中包含了一个或多个小空间而形成的视觉及空间关系 | 空间尺度的差异性越大，这种包容的关系越明确，当被包容的小空间与大空间的差异性很大时，小空间具有较强的吸引力，可成为大空间中的景观节点。当被包容的空间尺度增大时，相互包容的关系减弱 |

图4-10　"乔-草"结构

图4-11　"乔-灌"结构

图4-12　"乔-灌-草"结构

#### 4.2.2.1　垂直结构分析

滨水公园植物群落垂直结构上的组成与配置是营造立体空间环境的重要手段，其植物群落垂直结构可划分为两大类：单层型模式和复层型模式。常见的垂直结构为：乔-草结构（见图4-10）、乔-灌结构（见图4-11）、乔-灌-草结构（见图4-12）、灌-草结构、单层草结构五种植物群落结构。城镇滨水植物群落的配置模式以"乔-灌-草"复层模式为主，以"乔-草"模式为辅，相互结合营造不同层次的垂直植物景观群落空间。

#### 4.2.2.2　水平结构分析

植物群落的结构特征不仅体现在垂直方面，还体现在水平方面，即群落的二维结构是指群落内各个物种的配置状况或水平格局（见图4-13、图4-14）。城镇滨水植物景观群落的水平结构基本分为单一树种组成的纯林、多种树种组成的混交林两种模式。单一阔叶树种组成的如榆林、红花羊蹄甲林、枫叶林、旱柳林、白桦林、紫丁香林等，针叶植物组成的樟子松林、华山松林、杉树林、红皮云杉林等。混交林是由两种或两种以上的乔木、灌木树种混合而成。常见的混交林有针阔叶混交林、常绿落叶阔叶混交林，针阔叶混交林比针叶林丰富。

### 4.2.3　景观空间构成要素

在城镇滨水植物空间营建中，滨水植物景观空间构成要素是构成滨水植物景观空间的实体性元素，其植物实体形态可直接由视觉体验，而空间的形态是要通过人的心理感受才能体验的。从图底认知关系来说，看到的是植物实体的"图"，而空间就是图的背景"底"（见图4-15）。滨水植物实体形态与空间形态的关系反映在相生关系、图底关系两个不同的层面。相生关系是指滨水植物景观空间与滨水植物实体之间相互依存的关系，实体是空间产生的前提条件，空间是实体间相互作用的表现。

图4-14　湿地型密植水平结构示意图

图4-13　乔木型密植水平结构示意图

图4-15　荷兰，库肯霍夫公园，感受到的是不同植物实体的"图"及其背后休闲空间的"底"

对于空间本身来说，并没有具体形态，仅通过实体的围合和空间限定，形成体积感和可度量性（见图4-16）。

城镇中各种类型的滨水植物景观空间中的植物景观空间构成要素，主要有水平要素、垂直要素和顶面要素三种。水平要素主要为低矮的喜水性植物群落，如低矮的水面植物群落、地被植物群落和草坪。垂直要素是滨水植物景观空间中的重要因素，通过垂直要素可形成明确的空间范围和强烈的空间围合感，营造立体空间环境（见图4-17、图4-18）。在空间形成中的作用明显强于水平要素，如"乔-灌-草结构"垂直配置结构，是复合性较强的植物景观群落。空间的顶面要素景观空间营造：当处于乔木冠下时，能明显地感受到树冠，即是空间的顶面要素，当处于藤架植物覆盖的空间中时也能明显感觉到顶面要素的氛围（见图4-19）。

图4-16　以池为中心，布局建筑、栈道和不同层次的植被，其植物实体形态可直接由视觉体验

图4-17　无锡，惠山古镇，整体的植被空间围绕着水系形成强烈的空间围合感

图4-18　列植的银杏以"镜池"为中心，建构了强烈的空间围合感

图4-19　瑞士，整个滨水空间通过"乔-草"型植被构建，能明显地感受到树冠围合成的顶面空间屏障氛围

# 4.3 滨水植物景观设计方法

## 4.3.1 滨水植物景观设计内容

### 4.3.1.1 生态系统与植物景观设计，见表4-3。

表4-3 不同生态系统空间尺度与相应的滨水植物景观设计

| 系统空间尺度 | 空间尺度范围 | 植物景观保护层次 |
| --- | --- | --- |
| 城镇绿地系统滨水植物景观 | 数平方公里至数千平方公里 | 生态系统廊道层次；群落层次；物种层次 |
| 城镇公园尺度滨水植物景观 | 数公顷至数百公顷 | 群落层次；种群层次；物种层次 |
| 城镇微小绿地滨水植物景观 | 数平方米至数千平方米 | 物种层次 |

（1）城镇绿地系统滨水植物景观规划设计 城镇绿地系统通常包括原始自然区和人工性景观空间，尺度统筹覆盖整个城镇的绿地斑块、廊道（见图4-20）。城镇绿地系统尺度的滨水植物景观规划的主要内容就是要通过设计来构建最优化的景观空间安全格局，通过完善的滨水景观空间格局来实现不同滨水植物群落的多样性，最终通过控制城市绿地空间网络来改善城镇各级生态环境。首先，应根据上位规划划定全规划区的蓝线与绿线，探讨城镇水生态环境的修复；其次，注意最大限度地保护原有滨水生态斑块，构建以水系为核心的植物群落生态廊道。

图4-20 结合自然山水环境，将水境和森林生境相结合，通过叠水来营造滨水人文生态休闲空间

（2）城镇公园尺度滨水植物景观设计　城镇滨水公园绿地的空间尺度中等，是专门为城镇居民提供游览、健身、开展户外科普等活动的综合性园林景观空间，也是城镇内植物群落最为聚集的休闲景观空间。首先是滨河、湿地植物景观保护和修复。从普遍性城镇滨水公园的植物景观环境营造来看，疏林草坪、混交林、密植乔木林和灌木丛等生境单元已经大量存在，而从景观生态学角度来看，急需拓展异质性生境滨水空间，主要可以从水生境和森林生境两个方面加强。其次是水流处理与植物景观设计与改造（见图4-21）。城镇滨水公园是绿化、建筑、园路及铺装场地广场等用地的综合体，园内的水面大小差别较大，有的占到总面积的3/4以上，各种汇流水系的处理直接影响着城镇滨水公园植物群落景观的可持续性，可以说是公园设计中的核心问题。

图4-21　利用潮汐水流，通过滨水湿地植物营造狭窄口来综合利用水流

（3）城镇微小绿地滨水植物景观设计　城镇微小滨水绿地是风景园林建设中最基本的空间类型，空间尺度较小，其单个占地面积较小且以"点式"分散在城镇的各个角落，常常被忽视。如私家庭院、屋顶绿化和街头小绿地都属于此类。

在微小型滨水绿地营造中，其水体通常较小，特别是私家花园和屋顶花园建设，其植物景观设计应该以一个系统化的思路来解决雨水资源利用的问题，从基质材料和植物种类的选择，到相关配套的地下蓄水调节设施以及屋顶景观生境的营造形成一套综合有效的优化方案（见图4-22）。

在城镇的居住区或商业街头小绿地，水体基本为人工水体，在滨水植物设计过程中要改变传统的集中绿地建设模式，将小规模绿地以"分散"的模式渗透到大街小巷中去，有的植物更多的是配景作用（见图4-23），并从整体角度规划绿道进行连接。

图4-22　具有传统农耕文化的私家庭院水景，结合一些水生植物营建了整个小水系的源头

图4-23 奥地利维也纳，微小水体景观周边配以低矮的草坪型植被

图4-24 立交桥与商业街衔接处的街头绿地水景，水景和植物群落的配置合理地缓解了交通与步行商业区的矛盾

对于街头绿地类型的滨水植物景观，可根据街头场地条件进行径流模拟分析和径流系数测算，通过道路汇水分区来设计蓄水花园、干池、砾石沟、草沟等，发挥雨洪调蓄、缓解交通系统的内涝等作用，并在四季和雨旱季节形成各具特色的景观，共行人欣赏（见图4-24）。

#### 4.3.1.2 驳岸建设与植物景观设计

驳岸植物配植与驳岸建设相互融合既能使驳岸线与水体融为一体，又能营建复合型的生态滨水植被群落景观空间。常见的驳岸有生态驳岸、土岸、石岸、混凝土岸等，空间景观形态有自然式或规则式两种。

（1）生态驳岸 是恢复滨水岸地空间生态功能的重要手段，是主要在临河、临湖和滨江等滨水带模仿自然环境而建造的人工驳岸类型，这种类型的驳岸既具有可渗透性，又能满足岸线工程的强度和稳定性（见图4-25）。

生态驳岸多孔性和多样性的建设形式是良性滨水栖息环境的保障，城镇滨水驳岸空间的景观设计宜采用模拟自然式的设计来仿效自然滨水植物的生态群落结构，最终营造可持续性的滨水驳岸空间，除了注重植物的观赏性外，还应结合滨水驳岸地理环境进行竖向设计模拟水系，形成自然的滨水地貌。

城镇滨水植物景观规划设计的驳岸设计通常采用自然式、复合式、梯形式和柜形式四种形式。在条件允许的滨水岸地，可采用"可渗透性"的绿化护岸、碎石护岸等生态护岸措施，保证河岸与河流之间的水分交换和调节功能，同时还具有抗洪的基础功能（见图4-26）。驳岸植物群落设计多选择一些耐水湿的乔灌木和湿生的草本植物，种植模式以群植为主，注重群落林冠线的丰富与色彩的搭配（见图4-27、图4-28）。

图4-25 住区空间中的自然型驳岸，结合嵌草种植，适宜于较陡的坡岸或容易发生水土流失的地段，主要采用天然石材、木材等护底，以增强抗冲刷及防洪的能力

图4-26 滨水公园中自然型驳岸，可以采用木桩、石块、石笼等护底，土堤斜坡上种植湿地植物，按照乔、灌、草的形式配置，最终达到固堤护岸的效果

图4-27 自然原形驳岸，适用于坡度较缓和陆域面积较广的滨水区，以维持自然原貌为原则，合理配置滨水植物，以达到固堤护岸的目的

图4-28 结合石料进行自然驳岸模拟，合理配置一些根系发达的植物来固堤，如芦苇、菖蒲、水杉、水松、落羽杉等

常以稀疏乔木群、密植灌木群或以丰富的植物形成"乔－灌－草"复层植物群落结构。具体模式常选择"乔－草"结构、"乔－灌－草"结构或"灌－草"结构。

（2）土岸 是滨水驳岸中较为生态的一种自然原生型驳岸，其自然蜿蜒，线条优美。土岸植物配置应以自然式种植为宜，常结合沿岸地形和道路，采取有远有近、有疏有密、有断有续、弯弯曲曲，营造可亲近性的驳岸景观。土岸常设计成略高出最高水面10～30厘米，游人可站在岸边伸手触水进行亲水、戏水体验（见图4-29）。岸边植以大量花灌木、树丛及姿态优美的孤立树，通过合理的组合搭配，可引导游人临水观倒影，这类驳岸植物配置可以在变色叶树种，四季变化较强的植物上进行综合设计（见图4-30）。

（3）石岸 现代城镇滨水驳岸常以石岸和混凝土岸居多，根据驳岸的断面形式可划分为直立式驳岸、倾斜式驳岸、阶梯式驳岸。

图4-29 孤置景石于喜湿性植物群中，以广阔的草坪和群植的乔木为背景，营建的亲水驳岸空间，比较宜于游人观景和休憩

图4-30 孤岛中密植的乔木和地被，形成多样性较强的复合型岛屿植被景观空间，既为游人提供可远观的倒影空间，又形成野生动物栖息的孤立环境

图4-31　巴黎，塞纳河，直立式石岸边营建了惬意的亲水广场，通过高大直立式群植乔木作为亲水广场背景，将广阔的城市建筑隔离，形成相对封闭的亲水空间

图4-32　现代住区中因地下停车库的设施要求，常建设混凝土驳岸，通过表面贴毛石或者自然木材来弱化其生硬的外表，植物配置上主要以花灌木和藤本植物来遮蔽大部分驳岸肌理，营造宜居的滨水环境

　　a. 直立式驳岸　水陆之间以垂直断面的形式相接，亲水性较差。驳岸绿化常考虑在驳岸垂直断面的缝隙中种植水生植物、岩生植物（见图4-31、图4-32）。

　　b. 倾斜式驳岸　水陆之间以斜面的形式相接，在自然景观中，水体与陆地通常相当贴近，亲水性很好。倾斜式驳岸的水陆高差通常较大，因而亲水性也较差，在做滨水植物群落营造中，要合理利用高差，种植多样的水生植物，形成水域与人工景观的天然过渡。

　　c. 阶梯式驳岸　根据不同的水位设置不同高度的层面，层面之间以斜坡、台阶或垂直面相连接。这种类型的驳岸植物景观设计可以考虑利用藤本类植物，藤蔓可以掩饰和弱化石砌驳岸给人的生硬感。

### 4.3.1.3　水体形态与植物景观设计

　　园林中水体有多种多样，依据不同的划分标准，可划分为：静态和动态、天然和人工、立体和平面、规则式和自然式等（见图4-33、图4-34，表4-4）。滨水植物景观常根据不同的水体形态来进行植物设计。城镇滨水绿地空间的水面植物群落可分为挺水层、浮水层、沉水层，一般视水深度在水面或水边点缀一些水生、湿生花卉与观赏草。常用的浮水植物有睡莲、荇菜等；挺水植物有芦苇、香蒲、唐菖蒲、千屈菜、水葱、荷花等；沉水植物为杉叶藻。

图4-33 为营造有野趣的湿地空间，常以挺水植物围着水体边界进行组团种植，并以多类植物组团串联成"带状"或"面状"，营造复合的湿地空间

图4-34 湿地公园中净水区域的植物配置主要以净水植物为主，周边围合蓄水性植被群落，常常充满整个水系形态空间

表4-4　景观水体形态类别与植物景观设计

| 划分标准 | 水体形式 | 景观水体代表 | 植物造景要点 |
|---|---|---|---|
| 动静形态 | 静态水体 | 水池 | 规整、整齐的植被围合，可以采用列植、丛植等形式 |
| | 动态水体 | 溪流、瀑布、喷泉、湖、湿地 | 自然式植物群组团，注重驳岸的稳定性和适应性（见图4-35） |
| 人为程度 | 天然水体 | 溪流、湿地、湖、瀑布 | 保留原生自然植物群落，增加附属工程设施（见图4-36） |
| | 人工水体 | 水池、瀑布、喷泉、溪流、湖、湿地 | 综合采用孤植、列植、片植、群植、丛植、对植等配置模式进综合营造（见图4-37） |
| 空间形态 | 立体水体 | 瀑布、喷泉 | 水系为主、植被为辅，主要采用孤植乔木的方式进行大环境营造 |
| | 平面水体 | 水池、溪流、湖、湿地 | 综合采用孤植、列植、片植、群植、丛植、对植等配置模式进综合营造，注重湿地植物景观 |
| 平面形态 | 规则式水体 | 水池、瀑布、喷泉、溪流、 | 主要采用列植、片植、对植等配置模式进综合营造，常将乔木层营造成自然式，灌木地被层营造依附规则式 |
| | 自然式水体 | 水池、瀑布、喷泉、溪流、湖、湿地 | 采用自然式植物群组团，注重驳岸的稳定性和适应性，综合利用植物群落的生物多样性 |

图4-35 自然式的湿地空间，采用自然式植物群组团，注重驳岸的稳定性和适应性，综合利用植物群落的生物多样性

图4-36 天然的自然形态的景观水体景观主要在于取得倒影，经常保持一平如镜，池内很少种植植物，以免遮掩了水中倒影

图4-37 人工水池通常结合精致的驳岸设计，将汀步、景石、亲水平台等景观设施与滨水植物景观设计相结合，突出宁静的滨水休憩空间

#### 4.3.1.4 栖息环境与植物景观设计

城镇湿地、江河、湖泊等滨水空间是鸟类、鱼类、两栖动物、蝶类等野生生物的重要栖息地，滨水植物群落是野生生物栖息地一个重要组成部分，为其提供食物、遮蔽物、空间和水分等基本生活要素，结合植物材料创造城镇水体生态区作为野生生物栖息地是现代城镇滨水植物景观设计的重点内容。要使城镇滨水生态空间成为野生生物理想的栖息环境，植物的科学配置和岸线环境的设计是重要因素，如可以选择一些秋冬结果实的、高大的树种吸引周围的鸟类，在水边的草地周围种植蜜源植物可把蝴蝶吸引过来（见图4-38、图4-39）。

图4-38　水体驳岸和池底应尽量生态化，营造鱼虾等水生动物理想的栖息环境，并尽量为食草动物种植一些食物来源

图4-39　水中孤岛是鸟类栖息的天堂，孤岛的植物群落配置要更多地关注植物的多样性，将乔木、灌木、多年生草本和一二年生草本植物混合搭配，营造接近自然的动物栖息地

### 4.3.2 滨水植物景观常用配置方式

#### 4.3.2.1 孤植植物景观

通常形体高大或树姿优美的树种才进行单独种植（见图4-40），又称"标本式种植"，滨水旁的孤立木，大多是为了遮阴、观景或构图的需要，或是为了突出某一特殊的树种的单体美的景观组织形式。孤植植物一般都单独种植，或以其他景物为背景，常采用的植物种类为乔木或灌木。如：雪松、榕树等大型乔木树种，柳、梅、红枫等姿态优美的树种。

#### 4.3.2.2 列植植物景观

也可称作是线形种植，指同种植物或异种植物成行成列的种植（见图4-41、图4-42），多种植在行道两旁或河堤的沿岸。城镇滨水绿地中线形种植方式主要应用于水岸的护岸林、隔离绿篱、滨水步道行道树、滨水区防护林等种植上，多以功能性为主，在满足滨水区生态环境保护和遮阳等功能的前提下，结合视觉景观的观赏性，组织成连续或大型的植被区。

#### 4.3.2.3 片植植物景观

片植，又称"组团式"种植（见图4-43），是水滨绿化组景的主体景观，作景观主题或辅助硬质景观，实现水滨空间的开敞性和视线的通透性。片植手法以乔木与灌木，灌木与

图4-40　单株孤植在较开阔的水滨嬉戏空间有利于形成视觉焦点，对于游人有吸引性

图4-41　湿地栈道的中山杉堤坝，赋予游人韵律、连续的节奏感

图4-42　沿湿地栈道列植垂柳，修长柔软的柳枝，临水飘拂，婀娜多姿，使整个堤坝与栈道融为一体，给人以强烈的方向感

灌木，灌木与藤本，乔木与灌木、草本等组合存在，以观赏组团的整体外形与色调搭配为主，同时考虑组团内的单体美和规模美。

#### 4.3.2.4 群植植物景观

群植，又称群落式种植（见图4-44、图4-45），体现了一种滨水的自然特性、文化特性。在水滨岸线凸出或凹入的空地设置，既突出岸线的变化与景观的变化，也同时为水滨生态环境的优化起重要作用。群植植被在组成结构上以乔、灌、草的生态学模式存在，适合在对生态环境要求更高的城镇生态过渡型滨水区绿化景观设计中应用。

在植物造景中有时是一种植物群植，有时多种植物群植，单一品种植物配置成林的形式

图4-43 湿地公园大面积片植水生植物，在净化水体的同时，形成了"广阔壮丽"的景观

较为稳定、统一，风格上较容易形成雄浑的气势。多种植物的群植如以落叶树与常绿树混交，这样在寒冬季节，山林中由于存在常绿树种，也不会显得过于萧条。

### 4.3.2.5 丛植植物景观

丛植（见图4-46、图4-47）通常由2～9株乔木构成，有时也加适当的灌木，主要体现群体美，也在统一的构图中体现植物个体美。植物丛植景观更能体现植物景观富于变化的特性，不仅能使树丛顶部线条形成高低错落的轮廓，具有划分空间、增加景深等功能，还能表现变化丰富的季相色彩。利用不同种类植物组合成丛种植，既要考虑到各个植物的特性，又要考虑到整体的效果，而同一种植物成丛种植时，要求它们在姿态上要相互承接、有连有断。

图4-44 在亲水空间与水体交界处，群植菖蒲等水生植物，在隔离空间的同时能很好地营造潮汐景观

图4-45 在溪流与驳岸交界区成群种植茨菰等水生植物，既能形成色相、季相各异的"花溪"景观，又能配合地形，保护驳岸免受侵蚀

图4-46 "规模化"丛植再力花，营造出"野性"的湿地景观空间

图4-47 小规模丛植是营造组合景观的重要手段，丛植金竹群配合精致的叠石景墙，营造出一种"听风闻雨"的清净空间

### 4.3.2.6 点植植物景观

点植（见图4-48）是指在地域上相对独立，但在意境上统一为整体的植物栽植方式。一般点植用得比较多的景点是水面，常用于点植的植物：荷花、睡莲，通过点植打破生硬、静止或者广阔的水面空间，营造水体的生命特征。

### 4.3.2.7 对植植物景观

对植（见图4-49）是指植物成左右对称的栽植方式，多种植在庭院、堂前入口处，可以是同种植物，亦可以是异种植物，同时多有其他植物与其配置。对植树突出树木的整体美，可以界定一个虚的空间界面，构成"框景"，这种植物配置方式可以分隔空间，并能够烘托景观轴上的主景，使整个景观更为醒目、深远，形成庄重大方的空间感受。对植树的选

图4-48 住区主水景中，组群式点植茭菰微岛，配合岸边陶艺小品和灌木球，营造出和谐统一的植被韵律

图4-49 对景也是对植的另一种表现方式，通过依托滨水对景空间来进行植物配置，形成对植性的滨水景观空间，有一种引导游者视线的滨水效果，拓展了狭长型滨水景观的观赏空间

图4-50 色彩绚丽的荷花带，配以流线型的菖蒲带、茨菰带等，营造了观赏型滨水植物景观的经典空间

图4-51 树冠高大的乔木和枝叶浓密的常绿乔木组成的混交隔声林带，其减噪降噪效果就相对明显，且景观的层次较为丰富

图4-52 修剪精致、树形优美的植物配合康体设施，共同营造清闲的滨水康体空间

择上要求树形整齐美观，卵形、圆球形、圆锥形、圆柱形都可以，主要应用于庭院空间中的入口，道路起引导和"框景"的作用，也是对空间的一种强调作用。

### 4.3.3 滨水植物群落常用配置类型

#### 4.3.3.1 滨水观赏型植物群落模式

滨水观赏型植物群落以植物景观的美化功能为主，辅之生态功能，选用观赏性较高的物种进行群落配置，强调的是植物个体、群体相互配合所构造出的形态各异、色彩丰富、质地不同、线条流畅的美感，强调群落的整体观赏效果。滨水观赏型植物群落配置模式具有垂直结构简单、水平结构较复杂的特点，常见的是通过"灌-草"的结构以及人工造景的方式来展示出美的韵味（见图4-50）。

#### 4.3.3.2 滨水减噪型植物群落模式

滨水减噪型植物群落强调减弱外界的噪声污染，主要营造界面在滨水绿地空间的边界处，常以针阔叶混交林为代表，并配置整体层次与密实度良好的灌木与草本植物，形成从里而外、由高到低的梯次配置，具有较好的吸附噪声功能，从而达到减弱交通噪声与生活噪声，营造一个安静、空气清新环境的效果（见图4-51）。

#### 4.3.3.3 滨水康体型植物群落模式

滨水康体型植物群落主要基于植物特质与人体特质相互作用的理念，利用植物分泌和挥发对人们心理与生理有益的物质，将植物配置成适于人类生活的生态结构，达到调节情绪、强身健体、防病治病的作用。这种模式群落的物种不是很丰富，结构也较为简单，通常与观赏型园林景观一起进行建设。如丁香花香气馥郁，对人的心情有正面影响，可调节心情，消除胸闷感，同时其植株能抑制细菌、真菌的生长，具有很强净化空气的能力，可有效减轻上呼吸道感染，因此丁香类植物是保健型植物群落建设的首选植物（见图4-52）。

#### 4.3.3.4 滨水文化型植物群落模式

滨水文化型植物群落指具有某种特定意义的滨水植物景观环境，该模式常将一些与古代历史、传说故事、民间习俗和社会文化等相关联并具有一定人文色彩的植物组合在一起，展示了某种特色文化，提高了景观的文化品位及游览观赏的趣味（见图4-53）。如利用一些建筑遗迹、园林名胜、宗寺等滨水历史遗存，选用一些适应于该场所文化氛围的植物群落，通过一定的配置技巧，创造出风格独特，能够促使人们产生某种感情，从而引起共鸣、联想的滨水文化环境。

### 4.3.4 滨水植物群落常用种植方式

#### 4.3.4.1 自然式种植

自然式种植常指把植物直接种植在水体底泥中或者驳岸地带，大部分喜水性植物的种植均采用此种方式。特别在驳岸沿线，常采用缓坡驳岸、木桩驳岸、干砌驳岸和自然景石等方式在其水陆交界处种植滨水植物（见图4-54）。在水体中常根据水深条件变化和景观需求，从岸边至水面中心，随水深的加深，分别种植不同生活型的水生植物，营造自然式水生环境。但是自然式种植若不加以人为控制，部分水生植物的生长区域会逐渐发生变化，从而影响甚至破坏水生植物景观。

#### 4.3.4.2 种植床种植

种植床种植方式最大特点就是可以较为有效地限定水生植物的生长范围，从而有利于保持水生植物景观的稳定性。岸边种植床常结合驳岸用石材或木桩等材料围合成一定空间，并在中间填入种植土，然后内植水生植物（见图4-55）。而在水体中央营造较大面积的水生植物景观时，为满足水生植物对水深变化的要求，较简单的做法是在池底用砌砖或混凝土围合筑成具一定高度和面积的种植床，然后在床内填土施肥，再种植水生植物。

#### 4.3.4.3 浮岛式种植

近年来，随着滨水湿地环境工程和人工湿地工艺的发展，浮岛式种植成了人工滨水环境工艺中的一个重要组成部分，因其具有净化水质、创造生物的生息空间、改善景观、消波等综合性功能，使其在水位波动大的水库或因波浪的原因难以恢复岸边水生植物带的湖沼或是在有景观要求的池塘等闭锁性水域得到广泛的应用。人工浮岛主要是指为了净化水质，利用植物生长过程中吸收氮、磷、有

图4-53　结合清净宁和的建筑景观，传统庭院的植物群落能使游人通过接收植物群落传递的文化信息，产生"情景交融"的感受——建水张家花园

图4-54　接近自然的大环境植被空间，其适宜的生长条件，使水生植物通过自繁逐渐占据周边空白的生长空间，凸显自然化的滨水观赏风貌——圆明园

图4-55　岸边与木桩驳岸结合的种植池，其荷群景观效果可引导游人的游览方向

图4-56 水生植物浮岛除了具有文中所述非常优良的生态功能外，还可以经过设计，搭配多种靓丽的水生植物，形成滨水植物景观中画龙点睛之笔

图4-57 种植器能改变硬质水体空间效果，形成人工意愿性很强的水中植物空间，但为了美观，应注意掩盖容器，并注意容器的散置布置

机物等富营养化物质的特性而人工搭建的水体植物种植平台，是常用的水生态修复手段之一（见图4-56）。浮岛不仅具有净化水质的功能，还可以使鱼类等水生生物栖息在下面，鸟类和昆虫类在上面产卵、觅食、生存，形成一个小型的生态系统，人工浮岛可分为干式和湿式两种。

#### 4.3.4.4 种植器种植

种植器种植（容器种植）是根据植物的生长习性和整体景观要求，将水生植物种在缸、盆和塑料筐等容器中，再将容器沉入水中进行景观群落配置（见图4-57）。此种种植方法既可以根据需求移动种植位置，又限定了水生植物的生长范围，便于配置和管理，有利于精致小景的营造，特别适合于底泥状况不够理想和不能进行自然式种植的硬质池底。各水生植物对水深要求不同，容器放置的位置和方法也不相同。一般是沿水岸边成群放置或散置，抑或点缀于水中。若水深过大，则通过放置碎石、砌砖石方台、支撑三脚架等方法给容器垫高，并使其稳妥可靠。但由于容器内基质与外界环境的联系有限，且自身获取养分的能力亦有限，故而需要加强土肥管理，否则会影响容器中植物的生长发育。

### 4.3.5 水位变化与滨水植物景观设计

#### 4.3.5.1 不同水位植物景观设计

按照植物的生物学特性，喜水性植物的适水环境可以分为深水区、中水区及浅水区三种，通常深水区离岸边较远，渐至岸边分别做中水、浅水和沼生、湿生植物区。不同种水生植物原产地的生态环境不同，对水位要求差别也有很大差异，挺水植物及浮叶植物常以30～100cm为宜，而沼生、湿生植物种类只需5～30cm（表4-5）。对滨水植物景观进行规划设计，可以将滨水区根据水位划分为三个区段：常水位以下区域、常水位线至洪水位线区域和洪水位线以上区域，再根据不同的水位区域进行植物景观配置（见图4-58、图4-59）。

（1）常水位线以下区域　对于常水位线以下区域，水流平缓的地方应多种植多种沉水、浮水、挺水等水生植物，采用混合种植和块状种植相结合，美化水面，净化水质，为水生动物提供栖食和活动场所。但对于高干、生长快的植物，如芦苇等要控制种植量，控制其无序扩散，漂浮植物原则上不用或局部控制使用。

（2）常水位线至洪水位线区域　该区域是滨水植物景观规划设计的重点，区域内的植物群落功能有固堤、水土保持和美化堤岸作用，下部以湿生植物为主，上部规划以中生但能耐短时间水淹的植物，如枫杨、南川柳、水竹类等为主。其滨水植物配置应考虑群落化，物种间应生态位互补，上下有层次，左右相连接，根系深浅相错落。如以多年生草本和灌木为主体，可种植少量乔木树种，如水杉、垂柳、落羽杉、枫杨等，避免应用侵害性大的藤本植物，如蓬草、野葛等。

（3）洪水位线以上区域　洪水位线以上是滨水绿地的亮点，是亲水景观空间营造的主要区段，它起着居高临下的控制作用。群落的构建应选择以当地能自然形成片林景观的树种为主，物种应丰富多彩，类型多样，可适当增加常绿植物比例，常绿植物总量达50%～60%。

图4-58　土岸边植物群落在削弱洪水侵蚀的同时有固堤、水土保持和美化堤岸作用

图4-59　湿地栈道既能疏导交通流量，又能结合种植不同乔木群落、美化水面、吸引人流

表4-5　常用滨水植物对水位的要求

| 物种 | 水深（cm） | 物种 | 水深（cm） | 物种 | 水深（cm） |
|---|---|---|---|---|---|
| 薄荷 | 2～5 | 紫芋 | 3～10 | 花叶水葱 | 30～40 |
| 石菖蒲 | 2～5 | 灯芯草 | 10～20 | 梭鱼草 | 30～40 |
| 莼菜 | 3～10 | 千屈菜 | 10～20 | 黄菖蒲 | 30～40 |
| 美人蕉 | 3～10 | 茨菰 | 10～20 | 水烛 | 40～60 |
| 花叶芦竹 | 3～10 | 玉蝉花 | 10～20 | 芡实 | 40～60 |
| 香谷草 | 3～10 | 旱伞草 | 20～30 | 芦苇 | 40～60 |
| 蒲草 | 3～10 | 萍蓬莲 | 20～30 | 王莲 | 40～60 |
| 三白草 | 3～10 | 荸荠 | 20～30 | 荷花 | 60～100 |
| 水芹 | 3～10 | 再力花 | 20～30 | 睡莲 | 60～100 |
| 凤眼莲 | 3～10 | 泽泻 | 20～30 | 水浮莲 | 60～100 |
| 溪荪 | 3～10 | 水葱 | 20～30 | 荇菜 | 60～100 |

### 4.3.5.2　不同生活型植物适应性

湿生植物需要生长在潮湿的环境中，在干燥或中生环境中，常生长不良以至枯死，其特点主要是：渗透压低，根系不发达，控制蒸腾作用的结构甚弱，叶子摘下后迅速萎蔫，如水松、赤杨、枫杨、柳树、落羽杉等（见图4-60、图4-61）。

图4-60　人工湿地景观中湿地植物群落表现出一种整洁的现代美

图4-61　山地梯田簇群中湿地植物群落表现出一种粗犷的野性美

# 4.4 滨水植物景观设计模式

　　滨水植物景观设计模式根据滨水空间功能特征和植物形态及用途，可以分为生产型、景观型、生态型和综合型四类（见图4-62～图4-65，表4-6）。滨水植物景观空间四种营建模式可以根据滨水区环境特征和功能需求，选择其中一种来进行营建，也可以以某一种模式为主，其余几类模式为辅来进行营建。

图4-62　滨水生产型植物景观模式

图4-63　滨水景观型植物景观模式

图4-64　滨水生态型植物景观模式

图4-65　滨水综合型植物景观模式

表4-6　滨水植物景观模式特点与代表性植物

| 滨水植物景观模式 | | 模式特点和作用 | 代表性植物 | 景观特征 |
|---|---|---|---|---|
| 滨水生产型植物景观模式 | 食用型 | 可作为蔬菜、其他食物食用 | 荷花、芋、水芹、菰、莼菜、水稻等 | 生产为主、景观为辅：成片种植，或以主题园形式种植；<br>景观为主、生产为辅：景观树种为主，生产型植物为辅助种植 |
| | 饲料型 | 提供家禽畜饲料等原材料 | 大藻、水禾、凤眼莲、香菇草、水芹、泽泻等 | |
| | 药理型 | 作为药用材料，或药品加工原材料 | 菖蒲、鸢尾、接骨草、香根草、灯芯草、水蓼等 | |
| | 材料型 | 作为工业用材，或手工艺品原材料 | 池杉、水杉、灯芯草、落羽杉等 | |
| 滨水景观型植物景观模式 | 观花型 | 植物群落花苞、花枝、果实作为主要观赏位置展现 | 荷花、睡莲、美人蕉、再力花、水烛、菖蒲、白茅、狗尾巴草等 | 观花、观叶型模式：成片、成规模化种植，注重四季变化；<br>观形型模式：借助滨水设施，以孤植、列植形式展现 |
| | 观叶型 | 植物群落叶片作为主要观赏位置 | 玉莲、旱伞草、芦竹、芦苇、香菇草、荷花等 | |
| | 观形型 | 植株形态作为主要观赏位置 | 水葱、水烛、垂柳、落羽杉、池杉等 | |
| 滨水生态型植物景观模式 | 防护型 | 具有防洪、防侵蚀、减少水体流失等作用 | 柽柳、垂柳、菖蒲、香根草、蓼子草、水芹、芦苇、水杉、水禾、砖子苗等 | 防护、净化型模式：根据功能需求来营建滨水环境，片、丛、群、带等多种种植；<br>栖居型模式：通常结合孤岛和驳岸带状滨水廊道来构建栖息环境 |
| | 净化型 | 能够净化水源、拦集污染物、吸收氮、磷及金属离子等 | 水烛、菖蒲、泽泻、再力花、梭鱼草、姜华、睡莲、水葱、美人蕉、菰等 | |
| | 栖居型 | 为候鸟、昆虫和水生动物提供栖息环境和食物 | 芦苇、荻、香菇草、荷花、泽泻、眼子菜、白茅、构树、香樟、漆树、茨菰、菱角等 | |
| 滨水综合型植物景观模式 | 科普型 | 运用地域植物特色、融合现代科普教育景观，构建科教空间 | 荷花、芦苇、垂柳、菖蒲、菰、满江红、清香木、黄素馨、白杨、水烛、斑芋、紫芋等 | 文化、科普型模式：以地域植物为主体，通过科普教育的手段展现地方文化特色，营造区域滨水环境；<br>立体型：强调利用水生、湿生、近水和远岸等多类植物群落来构建综合、复合有机的植物滨水植物空间 |
| | 文化型 | 运用植物文化展现地域特色，恢复传统景观，营造地域特色 | 牡丹、梅花、菊花、美人蕉、再力花、水烛、凤眼莲、芋、荷花、垂柳、芦苇、满江红、清香木薰衣草等 | |
| | 立体型 | 构建综合型、复合有机、多层次的植物体系空间 | 泽泻、萍蓬草、睡莲、水葱、再力花、美人蕉、芦苇、水杉、垂柳、池杉、红枫、朴树、松柏、樱花等 | |

第 **5** 章

# 滨水主题公园植物景观设计

## 5.1 湿地公园植物造景

### 5.1.1 湿地保护认识

　　湿地与森林、海洋并称为全球三大生态系统，被誉为"地球之肾"，在调节气候、涵养水源、蓄洪防旱、净化水质、保护生物多样性等方面具有其他系统不可替代的环境功能和生态效益。近年来，随着全球环境保护的迅速发展，人们对湿地功能也有了广泛的认识。湿地建设、恢复与保护和管理受到国际组织的热切关注，在战略、方针、技术等方面都出现一些新的思路和观点，体现了科学家对湿地研究的理论与成果应用于湿地保护实践的深刻思考。目前，在湿地保护与建设方面，研究与工作主要集中在：湿地管理、保护与恢复的新概念、思想和政策，湿地建设和恢复的技术与示范；湿地生态系统功能的管理与保护，包括生态系统的生产力、生物多样性、稳定性等；湿地对水质、水量变化的反应预报和风险评估，湿地资源的可持续利用，濒危物种的保护与管理，生态水文系统模拟与分析，以及社区教育等方面。

### 5.1.2 湿地公园植物景观营造理念

#### 5.1.2.1 美学理念

　　（1）湿地植物群体美　城镇湿地公园的植物景观营造应突出植物的群体美，强调远观湿地栽植要大片或成带状，形成一定规模，突出湿地的特色（见图5-1）。

　　（2）水面留白　湿地公园往往原生植被较多，且大面积的水生植物无限制地繁殖，会大量占据水面空间，特别在原始湿地公园中，这种侵占现象无处不在（见图5-2）。考虑水体的空间美，一般而言，水面的浮水植物至少要留出1/3空白，还应考虑水面与植物分界线的形状，营造出一个生动活泼的水体空间。

（3）营造优美的天际线　湿地水体空间中远、中、近景的植物搭配要协调，要充分利用远山、水面、树木等各种处于不同空间层次的景观元素，营造出层次丰富的植物景观，避免过多的主体，有时只需一种或几种植物，便可形成优美的天际线（见图5-3）。

图5-1　河港纵深景观的营造，突出整体美

图5-2　优美的曲线和阳光照耀下的水面往往是吸引游客留足的空间

图5-3　不同空间层次的湿地植物空间展现宜人的天际线景观

图5-4 "水天岸"的虚实植物空间美

（4）虚实美 湿地植物群落空间关系中所产生的"水天岸"景观与驳岸植物群落和水中倒影协同产生的虚实美，是湿地景观中随处可见的自然之美。如能结合其他自然因素（包括雨、雪、风、霜等），则会产生一种意境美（见图5-4）。

（5）野趣意境 城镇湿地公园植物景观特色是生态、自然而富有野趣之美的（见图5-5）。同时，它作为人们休闲的公园，也需要建设一些如园路、休息点、商业点、游客集散地等辅助设施，在这些地方人工栽培一些相对精致的植物景观，既不会削弱湿地的生态、自然，又能通过精致美与粗犷美的对立统一，突出湿地的野趣美，使游客不会因景色单调而感觉视觉疲劳。

#### 5.1.2.2 生态学理念

（1）从群落整体出发构建生态环境 城镇湿地公园植物景观营造应建立在对湿地区域内现有水文、地理、土壤、动植物资源详尽调查分析的基础之上，营造、保护适合湿地植物生长的生态环境。构建湿地生态环境体系应从植物群落的生态结构出发，无论是原生湿地改造还是营造一个全新的湿地植物景观，都应从整个群落出发，不能单纯地从某个种群考虑。强调对群落中关键物种的保留，在引入非本地品种时也应慎重，以便营造一个既优美而又相对稳定的植物景观（见图5-6）。

图5-5 富有野趣的湿地植物空间

图5-6 湿地植物群落
与生态环境的融合

图5-7 人工干预原生湿地系统，更加有利于湿地生态系统可持续性和群落的稳定性，还有助于挖掘其观赏价值

（2）多样原生湿地环境与适当人工干预相结合的营造法则　在城镇湿地公园植物景观营建的过程中，应注意尽量保留原生植物群落，模仿创造多样的湿地生境（见图5-7），包括创造多样的池塘、发展多样的湿地植被，对于枯木等也应进行很好的保留，这些都有助于生物多样性的形成。

（3）尊重自然规律，不盲目追求时效（见图5-8）　采用自然生态恢复的方式来营造湿地植物景观需要经历生物演替的过程，而这是一个缓慢的自然过程，即使采用人工干预的方式，能够适当缩短营建时间，但达成稳定的生态植物群落仍需要很长时间的演替。

### 5.1.2.3　以人为本理念

城镇湿地公园并非仅仅是城镇公园与湿地的叠加，城镇湿地公园植物景观的营造手法更接近于自然风景区营造技术，其对原生自然湿地环境的保护利用应尽量尊重原有生境中植物群落而进行改造和重建。"挖掘风景—选定景点—设计路径"最终以吸引、引导游客方便、

图5-8　不合理的湿地植物泛滥，造成水体污染和生态破坏

安全地接近或到达合适的地点，以合适的角度欣赏为目的。湿地公园设计思路更接近于自然风景区的设计思路，其设计建造不仅要选择对原有生境破坏较少的方式来进行，还要考虑到应使游客沿途可以欣赏到更多、更美的湿地植物风光。这种尊重人使用的和为市民考虑的湿地景观设计是一种设计结合自然的做法，在现代城镇湿地公园建设中更应被倡导和广泛利用（见图5-9）。

### 5.1.2.4　主题营造理念

　　主题湿地公园是近年来出现的一种特定主题的湿地公园，其在规划设计中张扬个性，和传统景观型湿地公园相比有所创新，摆脱秩序、规则的束缚，依托区域自然地理、历史人文特色来营造有主题特色的湿地植物景观（见图5-10）。风景园林设计师在规划建设湿地植物景观时应根据原有植被现状，结合该场地的历史、文化内涵，营造出一个真正属于该地区的城镇湿地公园，发现、选择该城镇湿地公园最具地方特色的植物景观进行重点营建（见图5-11）。

图5-9　在路边适当种植一些趣味性植物对游人进行引导，开辟透景线，使游客在游玩的同时也接受科普教育

图5-10　通过色差、形状等的对比避免城镇湿地公园植物景观的单调感

图5-11　具有地方民族特色的湿地公园大门

图5-12　荷花、菰等挺水植物的连片种植，在水面上形成壮观的水上绿带植物景观，游客在欣赏大面积绿色芦苇景观的同时，可划船进入迷宫游玩，增强湿地公园游览的趣味性

### 5.1.3　湿地植物景观营造方法

#### 5.1.3.1　湿地植物群落色彩的景观营造

水面植物的色彩在景观形成上有强烈的视觉冲击力，主要使用的色系有绿色系、红色系、白色系等。绿色系主要是湿地植物本身的色系，大部分植物的叶片是绿色的，但是植物叶片的绿颜色在色度上有深浅不同，在色调上也有明暗、偏色之异。红色是湿地植物世界中另一主要的色系，红色很容易吸引人们的注意力，成为视觉的焦点，红色系的水生植物主要有盛开花朵的睡莲、荷花等。另外，还有黄色系、白色系等的水生植物，主要有马蹄莲、黄菖蒲等，通过规模化种植，同样能够达到形成水上色彩景观的效果，成为植物景观吸引物（见图5-12、图5-13）。

#### 5.1.3.2　植物群落空间层次营造

"水－影－灌－乔"共同构成的水岸一体的空间景观层次是临水陆地植物配置通常展现的植物景观。湿地植物群落空间层次营造还应注意视觉透视的控制，岸上的游人能够看到植物景观所营造的优美景色，同时水上的游人也能看到滨水植物所营造的湿地景观，使水面景观与活动空间的植物配置景观相互渗透，浑然一体（见图5-14、图5-15）。如营造湿地透

图5-13　成片种植的荷花或睡莲在夏秋季盛花期，能够形成红花绿叶的优美自然景观，从而成为湿地公园吸引游客前来观光、拍照的重要吸引物

图5-14　"水-影-灌-乔"的空间层次景观

图5-15　岸边林下空间，作为游人的游憩场所

图5-16　高低、疏密、远近的透视线

视景观时可以选择陆地植物蔷薇、夹竹桃、石竹、金鱼草、唐菖蒲、黄菖蒲、金鱼草、黄花鸢尾等，使其相互搭配，高低、疏密、远近融合（见图5-16）。

### 5.1.3.3　湿地植物配置的种植方法

湿地植物在种植的过程中，应注意各种不同植物的种植程序和方法，必须采取"科学规划、科学种植、先地下、后地上、先土建、后绿化、先改良、后种植"的方法，这样既能减少投资、方便管理，又能保护湿地植物，快速达到预期的景观效果和生态效果。

## 5.1.4　湿地植物种类选择

### 5.1.4.1　水面以水生植物成片种植为主

城镇湿地公园都是围绕着水体特性做文章，其植物配置应将水生植物的配置作为重点，从湿地特征考虑，注重湿地植物群落生态功能的完整性和景观视觉效果的完美体现。湿地水生植物可分为挺水植物、浮叶植物、漂浮植物和沉水植物（见图5-17～图5-19）。挺水植物是指茎叶挺出水面的水生植物，常见的有荷花、水葱、千屈菜、菖蒲、香蒲、梭鱼草、茨菰、芦苇、泽泻、蒲苇等；浮叶植物指叶片浮在水面的水生植物，常见的有凤眼莲、王莲、

图5-17　成片种植的菖蒲弱化了驳岸空间的亲水性

图5-18　水面以水生植物成片种植，形成水面为主景，周围湿地为配景的湿地空间层次景观

图5-19　水源区常常以成片种植湿地植物来对水源进行净化和存蓄

图5-20　水面大面积留白，通过岸边乔、灌木主题来营造围合型的空间层次景观

睡莲、萍蓬草、芡实等；漂浮植物指根不生于泥中，植株部分漂浮于水面之上，部分悬浮于水里，如满江红、浮萍等；沉水植物指整个植株全部没于水中，或仅有少许叶尖或花露于水面，如金鱼藻、菹草、苦草、黑藻等。

### 5.1.4.2　陆地以乔灌草搭配种植为主

湿地陆地部分的植物配置相对水面来说所能选择的植物种类较为丰富，通常以乔木、灌木及草坪的搭配种植为主，并尽量选择乡土树种（见图5-20～图5-22）。根据湿地公园兼具旅游休闲功能的特点，在植物选择上，应选择具有较强观赏性的乔木、灌木，如季相丰富的彩叶树种，具有不同花期且花期较长的灌木树种，如春季开花的连翘、迎春、山桃、丁香等，夏季开花的月季、玫瑰等，还可采用一年生或多年生的草花，可搭配种植也可连片种植，以形成独特的植物景观，增加湿地公园的观赏性。

图5-21　大面积的滨水草坪可以为游人提供一个舒畅的休憩空间

图5-22　乔草型滨水植物景观空间，往往给游人以吸引和引导

### 5.1.5 湿地植物群落配置模式

湿地植物群落配置模式见表5-1，图5-23～图5-30。

表5-1 湿地植物群落配置模式

| 配置模式 | | 模式特征和应用 | 常用植物种类 |
|---|---|---|---|
| 水生种植模式 | 沉水植物 | 恢复湿地水系生态植物群落 | 苦草、金鱼藻、菹草、小竹叶菜 |
| | 浮水+漂浮植物 | 覆盖度控制在40%左右，种植在常水位线至洪水位线一带 | 水禾、粉绿狐尾藻、大薸、睡莲、野菱、荇菜、中华萍蓬草、水罂粟、水龙等 |
| | 挺水植物 | 适合生长于水深1.5m内的沼泽地、湖泊、河塘等近岸浅水区，主要起到点缀、引导、营造和衬托文化景观等作用 | 荷花、千屈菜、菖蒲、花菖蒲、路易斯安娜鸢尾、再力花、梭鱼草、芦苇、花叶芦竹、泽泻、旱伞草、水葱、野灯芯草、香蒲、水烛、茨菇、欧洲大茨菇、石菖蒲、荷花、菇草、金线蒲等 |
| | 沼生植物 | 适宜于长期受积水浸泡的腐泥沼泽土或泥炭沼泽土区域，营造沼生水草型茂密沼泽景观 | 水稻、蓴菜、香蒲、苦苣菜、菰、千屈菜、萍蓬草、落羽杉等 |
| 湿生乔灌草复合模式 | | 外围高层次植物群落营造+集水区植物群落+临水驳岸植物群落，营造复合有机的湿生植物群落 | 柳树、池杉、湿地松、枫杨、乌桕、木芙蓉、玉带草、薏苡、活血丹、姜花、蒲苇、矮蒲苇、野芋、紫芋、象耳芋、姜花、美人蕉、斑茅、旱伞草、砖子苗等 |
| 草滩+草甸模式 | | 在常水位线以上区域种植，营造透视性较强和规模景观视觉良好的草滩+草甸植物群落 | 芒、碎米莎草、旋鳞莎草、中华结缕草、荻、狗尾巴草等 |
| 地被花草种植模式 | | 比较适合种植在积水洼地和溪流两侧地势起伏较大的区域 | 蝴蝶花、野芋、紫芋、郁金香、玉簪、美人蕉、鸢尾、姜花、萱草、马蔺、麦冬、石菖蒲等 |
| 芦苇种植模式 | | 浅水区片植，营造芦苇迷宫 | 芦苇 |
| 陆生有机种植模式 | | 近岸区域营造开敞植被型、疏林草地型等植被景观空间，远岸以陆生植物营造生态密林型、林荫休憩型等植被景观空间 | 石菖蒲、万年青、常春藤、五叶地锦、山葡萄、金银花、箬竹、朴树、松树、花生、梧桐、榕树、七叶树、大戟、海桐、梓树等丰富多彩的植物种类 |

图5-23 浮水+漂浮植物模式

图5-24 挺水植物模式

图5-25 沼生植物模式

图5-26 湿生乔灌草复合模式

图5-27 草滩+草甸模式

图5-28　地被花草种植模式

图5-29　芦苇种植模式

# 5.2 滨湖类公园植物造景

### 5.2.1.1　滨湖类公园功能解读

城镇滨湖类公园是临近较大型水体区域建设，具有一定规模的先天性滨水空间，或者人工水体空间，水域、水际线和陆域是主要构成部分，公园集自然生态、安全防护、观赏特征、亲水休憩特征、文化特征、艺术特征、经济开发特征于一体，能为周围居民提供观赏、休闲、游憩、文化交流的城镇公共绿地空间，是从古至今"择水而居，具水而欣"理想人居思想的延续。城镇滨湖公园作为城镇绿地景观系统的一部分，不仅能够为广大市民提供休闲娱乐的公共活动空间，同时还具有改善城镇生态环境、构成城镇景观廊道、弘扬城镇文化精神、促进城镇经济发展的功能。滨湖土地的多功能利用与滨湖区地段开发的特殊价值是吻合的，商业购物、住宅办公、康居乐活、历史文化、建筑工程和仓储工业等滨湖区的土地利用均与滨水公园的开发性、文化性、教育性、游憩性、经济性和兼容性相互联动，滨湖空间的联片开发、统一规划为其多功能融合奠定了多样的特殊水滨趣味，为滨水区景观增添了活力。

### 5.2.1.2　滨湖类公园景观维度理解

滨湖类公园景观维度理解概括如下：

图5-30　陆生有机种植模式

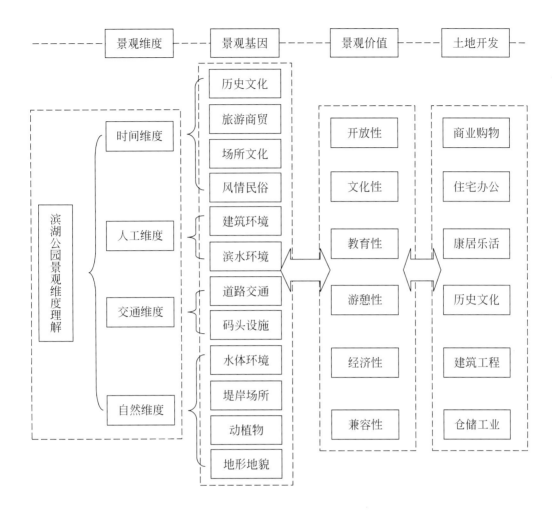

## 5.2.2 滨湖类公园功能作用

### 5.2.2.1 生态功能

城镇滨湖类公园是人工环境和自然环境的结合体，它具有维持碳氧平衡，改善城镇环境、改善城镇小气候、降低城镇噪声、生态保护、防灾避难、净化水体等生态功能，有效地维持了城镇水系生态环境的平衡（见图5-31）。

### 5.2.2.2 景观功能

城镇滨湖类公园是人们感知城镇的主要景观空间，也是构成城镇景观的主要元素，公园是地形、地貌、水体、植物、建筑物、绿化、小品等所组成的各种物质形态的表现，人们通过感官来感知它，因此景观强调的是城镇空间带给人的心理感应（见图5-32）。

### 5.2.2.3 社会功能

城镇滨湖类公园绿地是城镇居民空闲时间首选的户外休闲娱乐场所，能够提供在其他普通公园不能感受到的景观，是人们可以临水而憩、欣赏美丽湖景、锻炼身体、消除疲劳，修养身心的绝佳境地。特别是某些主题滨湖公园还为市民提供相互交流、沟通兴趣爱好的空间，在这里经常会举办各类的展出：绘画、摄影、雕塑、工艺品、收藏、文物古董、科技成果、园艺花卉、盆景、宠物、戏曲等，生动的户外课堂能够让游憩于此的市民学到知识、受到启发、得到真正的休闲享受（见图5-33～图5-36）。

图5-31　有效地保护驳岸，使驳岸免受水体的冲击

图5-32　硬质高楼形成轮廓挺直的建筑群体，与城镇滨水公园中植物景观、水景观等柔和的软质景观相互融合，高低错落，刚柔对比，形成丰富多变的城镇天际线

图5-33　各项亲水活动，使游人享受自然的气息

图5-34　凭栏垂钓，潭水清澈，鱼翔浅底，宛若置身于娴静的乐曲之中，享受着湖水的律动

图5-35 临水而建各色建筑，适合举行节日联欢和水上活动项目

图5-36 滨湖环道大面积的疏散空间，当有洪水、地震、火灾等自然灾害时，保护人们免受自然灾害的侵害

图5-37　社会主义核心价值观主题文化园适宜各种交流活动

#### 5.2.2.4　文化功能

城镇滨湖类公园绿地在景观规划设计时，常将民族传统、地域文化、神话传说、时代精神、科普知识、历史故事等百科内容融于造景的手法或表现之中，使人们受到启发、学到知识（见图5-37）。以其独特的教育方式，借助公共开放空间，启示人们应与自然和谐共处，尊重自然的客观规律，有利于促进交流，协调人与人之间的复杂关系。

#### 5.2.2.5　经济功能

城镇滨湖类公园中大面积的水体景观以及各种亲水设施是城镇滨水公园区别于一般公园的特色所在，公园中各项亲水活动设施吸引了大量的游客，大大促进了城镇旅游业的发展，同时也带来了可观的经济效益（图5-38）。

图5-38　滨水空间通过亲水活动可提升经济价值

图5-39　线形的道路空间、水滨堤岸、点状的节点空间、面状的场所空间等组成要素互相关联构建了"慢城"的城市形象

图5-40　昆明大观楼公园的文化景观：浦桥风荷

### 滨湖类公园景观设计定位

#### 5.2.3.1　立足城镇形象，提升城镇竞争力

随着"生态城镇"、"园林城镇"、"绿色城镇"、"卫生城镇"、"健康城镇"等城镇文化形象战略定位的普及。湖域已成为城镇发展的主要区域，常常成为城镇形象挖掘的核心地区（见图5-39）。

#### 5.2.3.2　营造湖畔景观，诠释场所文化量

滨湖公园建设作为城镇生态基础设施建设和宜居环境建设的标版，在

图5-41　围绕城镇水系资源营建宜居的湖畔空间

营造湖畔生态环境景观的时候，对诠释湖畔场所的文化价值，提升历史人文景观资源的保护和利用具有重要的作用（见图5-40）。

### 5.2.3.3　构建康体空间，提高城镇宜居度

城镇滨湖类土地是城镇中最具有生命活力的宜居空间，往往成为城镇居住的核心区，滨湖区的自然因素使人与环境能够和谐、平衡发展。利用滨湖区土地，进行科学规划与开发，打造城镇康体娱乐公共性空间，展现其滨水生态化、人文化、开放化的水域环境，把城镇滨湖景观空间营建为当地居民交流的平台，以满足聚会、集合、娱乐、游憩空间需求，使其成为城镇开放空间极富特色的一部分（见图5-41）。

### 5.2.3.4　解析城镇水系，保障城镇安全性

新世纪的城镇，其经济实力、科技含量、信息容量将不再是衡量其可持续的主要指标，生态环境及减灾防灾的综合防灾减灾能力将成为全面衡量城镇整体性功能及安全防范能力的重要参数。近年来，针对我国城镇发展建设中出现的灾害问题，国家做了战略性的研究，提出了相关的建设理念，共享了案例经验。如2013年12月12日，习近平总书记在《中央城镇化工作会议》的讲话中强调："提升城镇排水系统时要优先考虑把有限的雨水留下来，优

图5-42　海绵公园一角：通过湿地栈道来疏导行人，减少对湿地植被空间的干预

先考虑更多地利用自然力量排水，建设自然存积、自然渗透、自然净化的海绵城镇"，提出建设"海绵城镇"发展思路（见图5-42）。

### 5.2.4 重点节点植物景观营造

滨湖公园中重点节点植物景观营造是景观体系构成的重要环节，景观节点是景观高潮，在景观设计中起画龙点睛的作用。按不同营造特点及效果，滨湖公园植物景观节点可以按照人工式驳岸植物景观、自然式驳岸植物景观、亲水式植物景观、文化主题植物景观、绿岛式植物景观及小型面状植物景观6种景观进行景观营造。

#### 5.2.4.1　人工式驳岸植物景观

驳岸边绿化区域常以草坪或低矮植物为主，上面种植不规则株距的垂柳，构成滨水景观的上层植被。植物配置目的在于打破驳岸单一形式，丰富草坪景观，将植物集中在上层和地被，中层留出透景线给游客观看对岸的景色，使空间通透性更佳，视觉变化也更为明显（见图5-43）。

#### 5.2.4.2　自然式驳岸植物景观

自然式驳岸植物造景可结合驳岸地形、滨湖散步道、沿线原生自然栽植营造有近有远、有疏有密、有断有续、曲曲弯弯、自然有趣的湖畔植物景观群落（见图5-44、图5-45）。

图5-43　如将沉水植物狐尾藻，浮叶植物睡莲，挺水植物旱伞草、纸莎草、荷花等配置在同一水域中，达到在丰富水体景观的同时，弱化单调的驳岸形式，丰富景观的效果

图5-44　通过密植的柳树配以低矮的整齐地被来营造自然式驳岸

图5-45　用彩色的美人蕉等覆盖驳岸，使景点充满野趣

### 5.2.4.3 亲水式植物景观

亲水空间是滨湖公园中重点营造的适于人与水体接触的公共性空间，亲水空间的植物景

图5-46 驳岸景石缓缓地斜伸水边，在给人增大水体面积感觉的同时，为游人提供亲近水面的机会

观营造要从滨水游览的需要出发，利用植物景观的空间特点，创造出动静结合、开闭变化的游憩空间，以满足不同活动类型的需要（见图5-46～图5-49）。

图5-47　在夏天利用池杉遮挡太阳侧光，配合三叶草地被和茨菰密植的滨湖驳岸，提供游人休憩空间

图5-48 通过草坪、柳树、凤凰木所营造出来自然式亲水驳岸

图5-49 稀疏的滨湖柳树，构建了一幅幅线条较为柔和，姿形多样的亲水空间

图5-50　复古的建筑、流线型的地被结合湖景，整个景观体量适宜，让人倍感舒畅、惬意，犹如一幅充满诗情画意的田园画

#### 5.2.4.4 文化主题植物景观

　　滨湖公园中一些景观节点常围绕某个文化主题来打造，这种滨湖植物景观景点的布置还常与花架、景墙、廊、亭子等园林建筑或园林小品结合。如对于园林建筑来说，其基础、主梁、檐口、屋脊等线条都比较直硬，临湖一侧更是空旷，与柔软的湖面景观形成鲜明的对比，为营造过度空间的协调性，常常通过水生植物来点缀水面，与建筑色彩协调搭配，使景观更富有美感（见图5-50、图5-51）。

图5-51　野趣的草顶公厕，配合簇生的地被群

图5-52　昆明安宁东湖公园绿岛，整个绿岛的植物配置不仅考虑到从外面各个视角看岛屿的整体视觉效果，还考虑到通过植物的配置来营造岛屿内部的活动空间

### 5.2.4.5　绿岛式植物景观

岛屿是滨湖公园中空间景观和游人视线的焦点，其植物配置可分为入式和非入式两种类型（见图5-52）。非入式岛屿不能让游人进入，只作为加强水面空间景深的一个元素，植物配置要考虑岛屿的各个视角都有好的视觉效果，包括丰富的层次、色彩和完整丰富的林冠线。非入式岛屿还是动物栖息的园地，植物配置需要考虑一些鸟类、蝶类所需的果树类、花果类植物。

### 5.2.4.6　小型面状植物景观

滨湖公园中小型面状水景面积通常较小，常与景墙、小型雕塑、喷泉水体等组合。这种小型水面的植物景观设计常以多种水生植物混种于古树头、奇石、竹篱、卵石滩，局部点缀园林小品（见图5-53、图5-54）。

图5-53 水杉密植的半岛型空间构建了半封闭的小型水面空间

图5-54 桥和岛的存在构建了多个小型滨湖空间，通过不同植物在叶色、花色、形态及平立面位置上的对比，产生色彩丰富、层次鲜明的视觉跳跃感

# 5.3 滨河类公园植物造景

### 5.3.1 解读滨河公园景观环境

#### 5.3.1.1 水系综合利用认识

纵观中国传统城镇发展历史，自人类出现之前，伴随着逐水而居的选址思想，河流水系与城镇文明的发展息息相关。当水系在时间与空间中融合在一起时，它代表着一种精神，即城镇的历史、文化、民俗等长期沉积的结果，作为历史文化的脉络，水系与城镇共生、共融。水系结构的基本形式见表5-2。一个城镇赖以生存的城镇水系，人们对它的历史价值、纪念价值的认同感和保护意识远低于对具有同样历史厚重感的建筑，但你却必须认识到它的存在给城镇所带来的社会影响。近年来，随着城镇化速度的日益加快，很多地方政府和开发商由于对水系生态、景观等各种价值认识的不足，在市场经济利益的驱动下，往往目光短浅，造成多条城乡河道被填埋，大面积的河滩、湖泊、湿地消失（见图5-55）的残状。

图5-55　城乡接合部的河常因管治落后，水源常常处于浑浊状态

表5-2　水系结构的基本形式

| 类型 | 空间关系 | | | |
| --- | --- | --- | --- | --- |
| | 主流汇合关系 | 主支流长度比及变化 | 有无环路、高程情况 | 等级 |
| 树枝状 | 成锐角相交 | 比值小，变化大 | 无 | 支流源头高程不定 | 多 |
| 格状 | 近直角相交 | 比值大，变化大 | 无 | 支流源头高程不定 | 多 |
| 羽毛状 | 近直角相交 | 比值大，变化小 | 无 | 支流源头高程两个高度 | 多 |
| 平行状 | 近锐角相交 | 比值小，变化小 | 无 | 支流源头高程一个高度 | 少 |
| 网络状 | 混合相交 | — | 有 | 地形平坦 | 少 |
| 发散扇形 | 近锐角相交 | 比值小，变化小 | 无 | 源头在一处 | 多 |
| 汇集扇形 | 近锐角相交 | 比值小，变化小 | 无 | 汇于一处 | 少 |
| 辐射状 | 近锐角相交 | 比值小，变化小 | 无 | 源头在统一高度，汇于湖泊 | 少 |

### 5.3.1.2　滨河驳岸环境认识

滨河绿地空间景观是水系演变、水流特征、滨水空间特征的反应，而滨河景观空间设计主要通过自然呈现、人工营建等方式，借助滨河空间的自然和人文形态基础来营造适应于时代需求的城镇滨河廊道空间。常见的河床断面有"U"型和"V"型两种，"U"型河床河谷较为平缓，滨水空间有大部分的湿地空间，可以营造湿地景观植物群落，此区域为百年一遇洪水位界线；向外拓展的河谷区属于环境区域，坡度基本大于15°，一般为滨水环境植物景观营造区河水活动空间，利于营造四季变化滨水景观空间。紧接着的是高品质的滨水栖息地，此区域适合营造滨水动物栖息空间和市民公共活动空间。"V"型河床断面，其河谷呈窄深型，驳岸坡度较大，百年一遇洪水位界线以内存在较少的湿地营造空间，垂直空间结构较为丰富，但不利于修建亲水设施，在城镇建设中常常会被建设成垂直断面的人工驳岸滨河空间，其植物景观比较难打造，常结合垂直绿化来进行景观营造。河系驳岸的断面类型按照形状大体可分为：矩形断面（见图5-56）、梯形断面（见图5-57）、自然断面（见图5-58）、复式断面（见图5-59）。

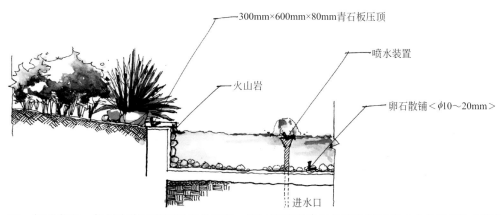

图5-56　矩形断面一般用在滨河空间局促的河段，有的矩形驳岸是为营造硬质亲水公共设施而采取的工程技术形式，滨水植物主要种植在岸边，营造景观空间

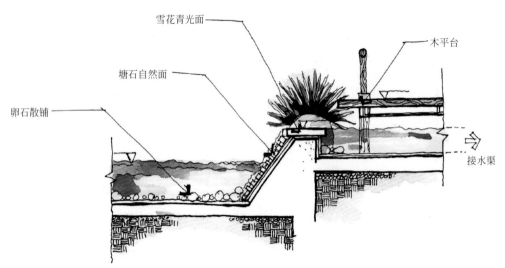

图5-57 梯形断面多为浆砌石、干砌石、卵石砌筑或新型生态材料的做梯形边坡，是有效防洪、防冲刷、保护水岸线的传统河道治理断面形式，可适当配置树形比较优美的乔、灌木，形成孤植或群植的滨水植物景观

图5-58 自然断面是保持自然边坡或人工模拟自然水流冲刷的河流断面形态的一种不规则断面形式，可以综合场地特征在岸边和水面进行滨水植物配置，营造复合型滨水植物空间

图5-59 复式断面主要使用在亲水性较强的滨水活动空间中，使其更能满足不同需求和不同水位下的景观要求

图5-60 高大乔木配合低矮、季节性变化比较
明显的地被，营建的滨河步道比较适合人流量较
大的公共交通区域

图5-61 曲折的滨水步道，覆盖型乔木结合间断
性的休憩设施，形成较为宁静的散步空间，比较
适合人流量较小的次级游步道区域

### 5.3.1.3 滨河交通环境认识

城镇滨河区是一个包括了陆域、水域和湿地三种形态的复合区域，具有时空动态的文化
景观空间、复合有机的生态系统、适应性较强的植物群落和可持续的综合交通体系（见图
5-60）。在水平空间层次，根据地形、坡度和区域内水系的走向建立横向交通生态廊道，通
过陆路交通体系和水上交通体系的连接，让滨河水系、滩涂、溪沟、河谷、坡地、山脊等形
成有机复合的空间层次（图5-6）。滨河区域交通模式主要分为分流交通模式、交通优化模
式和混合交通模式三种。人车共存的本质是在交通路面设置各种设施控制车流、限制车速，
以争取更大的非机动车活动空间。

### 5.3.2 滨河公园植物景观设计误区

### 5.3.2.1 硬质景观同质化扩展

在"防洪时代"的发展理念下，裁弯取直，混凝土块石护坡，高筑垂直驳岸等硬质工程
设施促进了人工化景观建设（见图5-62、图5-63）。另外，城镇滨河绿地与其他公共绿地

图5-62　昆明市盘龙江沿线的硬质驳岸景观

图5-63　美国康涅狄格州斯坦福市的弥尔河公园的驳岸

图5-64　以视觉感受为主要设计目的的滨河景观环境

相比，除在一些滨河步道沿线增加滨河广场、观景平台和游憩绿地等之外，并没有其他变化，而肆意扩展的硬质休憩活动空间未能给河流生态廊道留有足够的生态弹性空间，反而破坏了滨河植物景观的"自适应能力"、"适灾能力"和"自我恢复"能力。而且防洪堤、防波堤和钢筋水泥的同质化不仅破坏了生态迁徙廊道和丰富多样的生态栖息地，还削弱了城中绿带水岸美景类自然风貌，使得各个城镇的宜居环境并不宜人且缺乏生气。

### 5.3.2.2　人工视觉景观形式化

目前，千篇一律的人工景观在城镇滨河景观中已成为一种"蔓延病"，硬质材料的过度使用，同出一辙的滨水平台、临水栈道，尺度不当的景观改造等问题，造成了滨河景观空间上的资源浪费，同时过于单一、缺乏趣味性的滨河景观也让本应繁荣的城镇滨河区逐渐失去人气与活力，缺乏景观美感。另外，城镇河流景观中大面积的人工视觉景观建设，使得滨河景观空间缺乏地域生态内涵。回归到城镇滨河景观空间建设的初衷，应基于城镇水系的差异，从宏观系统上按一定规模进行整体、深入和综合的分析研究和景观规划，使城镇河流与周围建筑及人居环境相融合，建设视觉景观和生态环境相融合的滨河景观空间系统（见图5-64）。

### 5.3.2.3　追求短期发展，缺乏持续性规划

滨河地区往往是城镇扩展加速区，地区政府在城镇建设扩展中常以追求短期经济效益为目的，对城镇滨河区进行开发建设的过程中缺乏生态知识的应用，滨河区景观改造缺乏系统性、统一性和连续性。城镇用地的征收吞噬了城镇有限的自然资源，最终城镇河流的生态系统受到严重

图5-65　融合一些地域文化元素和现代设计手法的滨河休闲空间设计

干扰，其完整性遭到破坏。如拓宽河道、缩窄河身、裁弯取直、堵塞汊流、高筑河堤等滨河工程建设严重降低了河流的弹性功能。滨河景观区建设缺乏可持续性建设规划，改变了河流动态的自然景观系统，影响河域原有生态系统的良性发展，忽视了滨河区景观的基本生态服务功能。

#### 5.3.2.4　地域文化缺失，吸引力弱

滨河区景观的地域文化缺失是现代滨河设计的普遍现象，现在更多的是基于风景园林设计师对场地的深度挖掘和诠释，以及地方政府对地方文化的整体把控（见图5-65）。在进行滨河区环境景观改造过程中，风景园林师和地方政府对城镇特色、传统风貌、历史文脉保护的认知程度不足，导致在诸多滨河区景观改造中对一些珍贵的历史资源和文物古迹的大规模拆建。特别是在景观小品设计与建设过程中，较少考虑地域文化，往往更多的是基于其空间形态和视觉效果，或者基于新材料和新技术的使用，放弃或者排斥一些传统的地域文化。

### 5.3.3　滨河公园植物景观设计

#### 5.3.3.1　岸上区植物景观设计

（1）生态密林　生态密林植物景观营造主要是由乔、灌、草组成的结构紧密的郁闭林（郁闭度：0.7～1.0），重点营造滨河休息空间和生态风景林、卫生防护林，不适合大量人流活动。植物配置应遵循以生态、防护、观赏功能为主，使用功能为辅的原则，注意植物群体间的生态位关系以及群体与外界环境间的关系。在景观上，设计时要注意风景林的林冠线和季相植物的使用，从而形成优美的岸线（见图5-66）。

（2）疏林地被　疏林地被植物景观营造以乔木、地被植物为主（郁闭度为0.4～0.6），

图5-66 滨河步道边密植的中山杉驳岸，曲折丰富的林冠线和变化的季相景观为主要观赏点

图5-67 "疏林+草地"景观空间具有一定的通透性，可以选择性地将优美景观地带呈现出来，形成半实半虚、似断似续的岸线景观

形成半开敞的植物空间，是最适宜游人休憩的景观空间，同时也是园林中应用最广泛的一种植物景观营造模式。植物景观营造过程应注意：一是顶层乔木应选择树姿优美、树干挺拔的观形、观花、观叶植物，不宜选用观果或秋季结果树种，以免落果伤到游人；二是中层植物应选择体型较小的花灌木、地被，运用对比手法，突出乔木优美姿态、高大体量的主景效果；三是底层应适当进行微地形改造（见图5-67）。

（3）开敞林地　开敞植被区是由矮生灌木、草坪草组成的缓坡地，孤植少量风景树，整体垂直高度以不遮挡人的视线为宜。植物配置的组景方式主要是构建小灌木花带自然开敞式，以观花灌木和时令花卉为主，线状种植形成不同色彩的流线型彩带，背景层以造型球类自然组团，其间穿插种植少量观花小乔木，形成三季有花、四季常绿的滨河景观。此类景观热情、奔放，处处洋溢着欢快的气氛，但对养护要求较高，时令花卉需要及时更换、造型灌木球和草坪要经常修剪（见图5-68）。

（4）树阵广场模式　林荫广场区是滨河广场作为游人的主要活动空间，在塑造城镇形象、改善城镇生态环境、塑造公众游憩空间等方面起着至关重要的作用（见图5-69）。植物配置要以保证足够硬质活动空间为前提，避免植物"喧宾夺主"。配置类型以孤植、列植为主，具体配置形式有：a.以孤植的高大乔木为主，发挥植物形体、线条、色彩等自然美，同时注意孤植树的体量要与广场规模相协调；b.以阵列式乔木为主，与广场的休息设施相结合，形成以休憩健身为主的林荫广场。以草坪为基调布置在广场的边缘，配置稀疏树木，形成小群落景观。c.在广场花池内群植低于视线的灌木、绿篱、地被等色块植物，丰富广场的软质景观，增加广场上的季相景观变化。

图5-68　开敞的滨水空间常被营造成独特的通透空间供人们欣赏河岸风景

图5-69　一定间距种植的树阵滨水区域往往是一些开放性空间的边界和屏障

#### 5.3.3.2 驳岸区植物景观设计

（1）自然原型驳岸　分布在坡度缓、驳岸面积大的河段，如城郊沿河绿地宽阔处，保持驳岸的自然状态，通过种植深根性、耐水湿的乔木或草本植物固定河岸。可以应用的植物群落有湿生乔木型、湿生乔草型和湿生草本型。

（2）自然型驳岸　对于较陡的坡岸，通过在天然石材、木材护底上砌筑一定坡度的土坡，将耐水湿的乔、灌、草相结合以固堤护岸。此类驳岸所选用的植物群落以草本耐水湿植物为主，在远离河岸地带增加较耐水湿的乔、灌木种植，以保证河岸的通透性。

（3）台阶式人工自然驳岸　对于防洪要求较高、驳岸宽度较窄的河段，在自然型驳岸基础上以台阶式加入2～3级由耐水原木和石块做成的"鱼巢"，在相邻"鱼巢"中间的箱状框架内，种植耐水湿的草本和水生植物，犹如在石缝中自然生长出的草木，郁郁葱葱。

#### 5.3.3.3 水域区植物景观设计

以生态功能为主，则选用乔、灌、草相结合的复层植物景观；以使用功能为主，则选择以冠大荫浓的乔木与地被、草坪、广场结合形成疏林草地式的活动空间（见图5-70）；以观赏功能为主，则选择形态优美、色彩丰富，集观花、观果、观叶、观干、观形于一体的植物，形成相应的开敞植物观赏区（见图5-71）。

（1）色彩运用　将不同叶色和花色的水生植物进行配置组合，花色的配置选择也是十分重要的，水生花卉的色彩丰富，或热烈或宁静或开朗或内敛，应有尽有，在选择同花期的植物时，应注意不同花色的对比和呼应，

图5-70　滨河区域依托密植中山杉来营造滨河休憩空间

图5-71　通过浮叶植物、挺水植物、湿生植物结合滨河步道的植物景观，组合成不同的层次立面

图5-72 远、中、近景通过不同的植物色彩搭配和组合,形成多层次的植物景观空间

图5-73 水杉的群植,其粗糙的质感营建了不同植物观赏空间

暖色调和冷色调的相互调和,避免同种色系植物相邻种植(见图5-72)。

(2)质感搭配 植物质感有精细、中等、粗糙3种类型。精细型的植物叶片纤细、柔软,体型婀娜多姿,作为细腻的配景搭配;粗糙型的植物叶片宽大,整体强壮刚健,常作为视觉焦点的主景出现(见图5-73);中等质感的水生植物介于精细型和粗糙型植物中间,作为二者的过渡。将3种质感的水生植物按照色彩、季相变化进行高低错落搭配,就形成不同视觉效果的水生植物群落结构。

(3)季相变化 目前还没有能够自然常绿越冬的水生植物,配置时应考虑不同植物花期的季相变化,达到春、夏、秋三季有花的效果,如可将花期4~6月的中型黄菖蒲、6~9月的精细型水葱、6~10月的粗糙型美人蕉搭配种植于水边(见图5-74、图5-75)。

图5-74                    图5-75

滨河两侧步道边的水杉，不同的季节中有色彩丰富、质感多样、季相层次鲜明多变的水生植物群落

# 5.4 居住区滨水植物造景

居住区是居民生活在城镇中以群集聚居，形成的规模不等的居住地段，其日常生活空间主要功能是满足居住、休憩、教育、养育、交往、健身、甚至工作等各种活动需求。居住区滨水植物设计是居住区绿地规划设计的主要部分，泛指在小区内的天然或人工水系周围进行植物景观设计和植物配置。准确地说是指在居住区亲水水岸线的一定范围内，按一定结构构成进行植物环境的自然综合体营造。

### 5.4.1 居住区滨水植物功能

#### 5.4.1.1 构建多元滨水空间

居住区滨水空间是居住区重要的功能空间，滨水植物景观设计通过植物群体来划分不同的功能区，水系两旁的植物群落有观花型、观叶型、观果型，还有观树型的，结合滨水空间的建筑、山石、雕塑和功能广场等文化景观，可围合出不同的活动空间，创造出优美、多层次和有机复合的滨水景观（见图5-76）。

#### 5.4.1.2 营造多姿滨水意境

居住区滨水环境意境的营造是传统宜居文化和现代生活环境传承和融合的核心，其有限

图5-76 以建筑和水景为主题，共同营造多元化的滨水空间

图5-77 山水建筑融为一体的住区滨水植物空间，其姿态、色彩、四季变化均以水为主题

的绿地范围内各类水系的规划设计已经是稀有，无论是静态的，还是动态的水景，都离不开多姿多彩的植物来创造意境。反过来说，居住区水系的规划设计是基于有限的绿化用地，面积较小，空间氛围营建不像城镇滨河绿化，水系本身就是功能主体，所以说在居住区滨水环境设计中植物景观设计尤为重要（见图5-77、图5-78）。

图5-78　夜晚，滨水植物与步行栈道的照明系统和谐统一，似倾未倾的栈道，起到增加水面层次和野趣的作用

### 5.4.1.3　恢复有机滨水环境

很多现代的住区常常是依山就势营建，特别是中西部山地大环境中的住区，或者说居住区因面积较小，常常会在公共活动区和景观区营建微地形，模仿自然生态环境（见图5-79）。就住区滨水绿化带植物群落来说，基本由乔木、灌木和地被草木构成，所种植的水生植物往往能吸附空气颗粒物质、净化水系、恢复土壤肥力、保持河道生态平衡，改善住区生态环境，恢复有机复合的滨水植物环境（见图5-80）。

图5-79　住房周围群落的冠层、地被植物能极大地减轻降雨对底层外墙的冲击，并具有持水作用

图5-80　滨水两旁的植物群落、结合叠水小品和亲水平台，形成幽静的滨水微空间

#### 5.4.1.4 模拟自然滨水体系

自然环境中的植物群落是相互竞争、制约着生存和进化的，保持着一种无法复制的生态平衡，自然群落中个体或群体植物协调共生，形成自然有序的生长体系。而对于住区来说，植物景观环境是人工模拟的，相对原生自然环境来说，缺少中微观层面的生物活动。人工模拟的滨水自然群落能够形成适宜植物生长的生态环境，从而使组成环境的各要素相互和谐、相互促进，能充分发挥自然界中植物的自然调节能力，保持生态的相对平衡（见图5-81、图5-82）。

图5-81　通过植物、建筑和水体的有机组合，模拟自然界水系蒸发，营建良好的栖居环境

图5-82　以亭为中心，组织围合型水系和圈层植物群落，为人们提供一个舒适、健康的自然生态环境

## 5.4.2 居住区滨水植物景观设计存在的问题

### 5.4.2.1 大树效应明显

房地产开发商为了完成短期的住房销售，往往在景观环境上下功夫，总是不惜经济成本地选择一些直径超过30cm的大树，甚至古树名木。由于住区环境空间有限、大树移植技术和管理养护措施的缺乏，以及植物本身生态特性的限制，植物长势不好，达不到预期的生态效益和环境氛围营造的目的（见图5-83）。

### 5.4.2.2 四季变化缺乏

住区滨水区植物景观设计中种类较为单一，层次缺乏，我们常见的中档住区绿化模式为"乔木+草坪"，经常是零星的乔木种植，大面积的草坪绿化，很少考虑灌木层植被群落配置（见图5-84）。另外，住区植物群落四季变化较弱，特别是彩叶树种的种类和数量的缺乏较为严重，最终导致人和住区植物环境的互动较少，植物景观即为植物景观，人即为人，没有将其提升至"宜居环境"的层次。

### 5.4.2.3 生态意识薄弱

住区滨水植物景观设计，常常局限于追求形式层面，较少考虑当地的气候、土壤条件和滨水生境条件。因大部分住区滨水系统属于人造水系，且体量较小，驳岸常以硬质驳岸为主，景观石和水生植物群落配置都实属难见。滨水群落的配置常建造一些不合理、不稳定的植物群落，造成各种生物成分比例失调，降低了绿地系统自身维持机能，整个住区的滨水植物没有形成结构体系和生态循环网络（见图5-85）。

### 5.4.2.4 新优品种缺乏

新优植物品种是指近些年来从国外引进、外地引进、野生变家生、人工选育并适应本地自然条件、生长健康、具有良好观赏性和生态景观效果的优良品

图5-83　住区滨水环境中缺乏后期养护而渐渐枯死的大树

图5-84　"乔木+草坪"型滨水植物空间

图5-85　缺乏生态体系概念的住区滨水驳岸绿化

种。新优园林植物作为传统园林植物的有益补充，已越来越多地得到重视，已推广应用到植物造景和生态园林建设当中。但在当前的居住区滨水景观中，新优品种的运用几乎是一片空白，这种现象在一些中低档住区中更加明显。

### 5.4.3　居住区滨水植物景观设计的空间类型

居住区植物景观设计主要根据住区功能、空间形态和宜居环境等需求原则，基于空间围合原则，按纵向和横向空间构成方式，将住区植物景观空间营建方式分为开敞型、半开敞型、封闭型、覆盖型和复合型五种植物景观空间类型。

#### 5.4.3.1　横向植物景观围合空间

（1）开敞型植物景观空间　指在一定滨水驳岸外延带状区域内，利用大面积的地被植物覆盖和少量孤植景观树，区域内较少使用遮挡视线的乔、灌木来构建的四周开放的公共空间（见图5-86）。场地空间开阔、景观视线通透，能聚集居民活动等是此类空间的特色。除此之外，我国的住区常常是围合式的，内部空气和能量流通受限，开敞型的滨水住区空间是空间流通的廊道口，能促进住区内气流、湿度和温度的流通，形成微循环体系，改善居住质量（见图5-87）。

（2）半开敞型植物景观空间　是开敞型与封闭型空间的过渡型空间，是由乔木、灌木、地被草本构建的稀疏植物空间，半遮半挡、隐隐约约、似断似续，构成了滨河植物景观带的空间（见图5-88）。其特点是植物景观空间周围不全开敞，部分视角空间用植物阻挡视线，部分视域则通透开敞，融合了框景、漏景和透景等园林构建手段（见图5-89）。

图5-86　利用近水景观小品和休闲广场构建开敞型的滨水空间

图5-87　规则的水系形态，整齐的绿篱、均匀的树阵，构成了现代化氛围较浓的开敞型滨水空间

图5-88　高低不等的景墙和稀疏型大小乔的多株组合，形成半开敞的滨水空间

图5-89　鱼鳞形态的叠水，疏密有致的植物景观，色彩搭配合理，丛植的朴树背景，营造了住区半开敞式的滨水空间

（3）封闭型植物景观空间　是在滨水景观带通过乔木、灌木、地被草本等组成的多层次的结构紧密的景观绿带空间，郁闭度基本保持在0.7以上，其群落结构相对稳定，是住区植物景观的核心部分（见图5-90、图5-91）。由于空间中视线受到限制，此类空间景观的感染力较强，往往是四季变化的主体。

图5-90　圆形的小广场作为住区儿童游戏空间，周边丛植小乔木，与水系相近相隔，形成了一个小的封闭空间

图5-91　裙楼顶层的屋顶花园，以游泳池为主题，周边有机组合植物景观，营建了较为私密的封闭型滨水空间

### 5.4.3.2 纵向植物景观覆盖空间

（1）覆盖型植物景观空间 通常由树阵集散空间或分散乔木群，以及园林建筑与攀援植物空间等构成，前者在树冠与地面之间，构建遮阳效果较好的浓密空间，后者主要基于园林建筑的硬质框架，利用攀援植物浓密的遮阳能力来体现空间效果，常用的园林建筑有花架、廊架、假山等（见图5-92、图5-93）。

（2）复合型植物景观空间 是融合上述四种空间各自的优点，综合营建的一种复合有机的滨水植物景观空间。首先，空间在功能组织构建方面，考虑与周围环境相互渗透、有机复合，常常是植物观赏空间、亲水休闲空间，以及小型活动集散空间的多元融合。其次，在植物景观空间营建手法方面，常常利用植物疏密搭配、色彩季节变化、乔灌木多层次融合，以及考虑不同植物的亲水特征，将水生植物、喜湿植物和驳岸植物多种配置，形成一个微生态循环的滨水植物环境（见图5-94、图5-95）。

图5-92 通过植物树干的分枝点高低，浓密的树冠来形成空间感，提供较大的活动空间和遮阳休息的区域

图5-93 高层住区内侧水系周边，利用高大的列植乔木、丛植灌木，在营建覆盖型植物空间的同时与水岸线对比融合，同时起到线条构图的作用

图5-94 疏密搭配，高低错落，色彩搭配，客观形成空间的开合，给人不同的心理感受

图5-95 以较为现代的景观建筑小品和矩形水系为主题，集休闲、运动、植物观赏为一体的植物空间

# 5.5 庭院滨水植物造景

## 5.5.1 庭院滨水植物造景手法

### 5.5.1.1 精

私家庭院一般分为屋顶花园和宅前庭院两类，私家住宅的屋顶花园设计因结构和安全方面限制，较少设计水体，相对来说宅前庭院营造则离不开水体空间。庭院面积一般不大，因而庭院水体一个重要的特点是"精"（小而精致）。如江南地区传统宜居思想普遍认同："水"代表财。在庭院设计中，水是最不可缺少的景观元素。在庭院设计中，较大的水面效果还常常通过借助外景的手段来得到，最终形成内外、大小、主次的水体景观形态。在庭院滨水植物景观设计时，通常考虑四个方面。

（1）水池方位之精 一般来说，庭院应该让水系的方向以柔和的曲线向住宅主位流来而不是流去，意喻钱财流入。

（2）宜居思想之精 自古以来传统住宅常是"背山面水"，而现代庭院经常是后花园式的，前庭一般很小，庭院绿化常常集中在后花园，在后院见水会让人产生一种不安全的心理，除非主人要求，否则，一般不提倡营建水体，营建时要注意水系的位置和形态（见图5-96）。

（3）入口水景之精 庭院中正对住宅入口的游泳池、景观水池、假山叠水等要设计出圆形或半圆形，不要有几何形尖角。古人认为如果尖角正对宅院入口，光会将水面反射入屋内，这样的反射对主人的健康不利。

（4）滨水植物之精 庭院景观设计因面积限制，植物造景的形式基本是以植物群落呈现，庭院空间通过不同的植物空间进行组合、搭配，按照不同的种植方式以绿篱、花境、花池、微地形等形式结合花架、小品、建筑等来营建（见图5-97）。

图5-96 精美的传统建筑，通过精致的庭院水体配以可适应性的滨水植物，营造了花园式的滨水空间

图5-97 精巧的庭院铺装设计和自然景石驳岸，稀疏且搭配精细的乔、灌木

图5-98　围合的院墙、精致的陶砖、规整的水葱共同营建了精致的私密景观

### 5.5.1.2　密

私家庭院空间使用上有供私人居住使用的个性化特点，这也是区别于其他类型的植物景观空间的核心所在，在进行庭院设计过程中需要特别关注对空间私密性的营建。庭院滨水景观营造"密"境主要考虑水体和植物两个方面（见图5-98、图5-99）。

（1）庭院水体设计的安全性　庭院水体设计需要考虑住宅老人、小孩的安全，诸如，因景观或功能要求，若水体必须达到一定的深度，则要另外考虑外在的安全围闭措施；若庭院需设游泳池，常可设计成一个独立可封闭的空间；若建观鱼池，池体驳岸可与石头、植物、栏杆相互结合，在无形中形成一个安全的隔离带。

（2）庭院植物设计的私密性　庭院滨水植物景观营建主要分为一般滨水植物配置和农耕园艺种植两类，根据不同植物空间的特点，庭院植物空间可结合不同的景观设施营建半开敞和覆盖植物空间，较好地满足人们对遮阳、观赏和休闲的需求，在一定程度上也能满足人对私密性的要求。池边空间也常常是业主进行农耕的园艺之地，外围可以适当种植一些花果植物，留有大面积土地进行园艺如菜园景观种植。

### 5.5.1.3　趣

（1）空间之趣　私家庭院空间一般面积都不是很大，大部分在城镇当中，由于受到院墙和建筑的约束，可进行植被营造的庭院空间可谓是寸土寸金，景观设计师需要充分利用好庭院空间，合理利用好障景、框景等造景手法营造出丰富有趣的空间（见图5-100）。诸如对庭院流线空间的设计，可以根据庭院中不同功能，将庭院中的空间划分为：入口、交通、休闲、内室等空间。

（2）水景之趣　中国传统庭院水体设计通常是以水系形式进行设计，讲究迂回、始末（见图5-101）。同时结合植物文化、诗词意境，赋予庭院水系更深的宜居内涵，这种传统庭

图5-99　散植的亚热带灌木丛营造了私家温泉庭院滨水休闲空间植物景观

图5-100　规整的住区水系，特色景墙和稀疏的高大乔木背景，共同营建了滨水庭院之趣

图5-101　水景中"鸟笼"和规整的地被，无疑是水中的焦点

院水景设计的精髓，同样适用于现代庭院设计中。

### 5.5.2　庭院滨水植物造景特色

庭院滨水植物空间造景手段主要是基于庭院空间的功能需求，常从实用性、观赏性和生态性出发，营建不同需求的综合性滨水植物景观空间。

#### 5.5.2.1　实用性庭院空间

私家庭院空间的实用性功能主要指休憩、交往、纳光、通风、换气、乘凉等，皆为家庭

图5-102　不同的家庭对休闲、休憩功能的要求程度不同，需要对空间进行不同的设计，以游泳池为核心的庭院，散发着奢华的气息

成员精神上的愉悦、舒适、放松等服务（见图5-102）。私家庭院在条件允许和业主需求的前提下，滨水植物景观空间应综合考虑，营建能让家庭成员进行户外休闲活动的场所，如果场地许可，在布局时可考虑安排农耕园艺场所，供家庭进行田园体验。

### 5.5.2.2　观赏性庭院空间

庭院因面积限制，很少做水景，但是若有水体存在，整个滨水植物造景则是院落空间的核心，其观赏功能主要由植物美学功能来展现（见图5-103）。通过园林造景手段，依靠植物的形态、质感、色

图5-103　在玲珑精致的别墅四周，植物虽不再是景观的主题，但几株树枝形态轻盈、树叶小而致密的树种确实是点睛之笔

图5-104 公共滨水空间的植物与水体相配则能形成倒影，或遮蔽水源，造成深远的感觉

彩、季相等营造出具有美学特征的空间（见图5-104）。庭院滨水植物的美学功能强调精致、统一、季相变化、净化及框景、漏景等手法的运用。

### 5.5.2.3 生态性庭院空间

庭院滨水植物造景的生态学功能主要是为住宅院落形成微循环的宜居环境，主要功能包括：碳氧平衡、通风采光、蒸腾吸热、农耕园艺、吸污滞尘、休闲乐活、减菌减噪、涵养水源、土壤活化、养分循环和防灾减灾等。而这些功能，往往只能靠精致的植物景观来实现（见图5-105、图5-106）。

图5-105 滨水植物景观是构成庭院景观的重要元素，无论庭院大小，完全没有水体的庭院设计是少之又少的

图5-106　大面积的水池是庭院景观空间的核心，往往是休闲、疏散、生态、交流
和净化水体等多种功能的载体

# 5.6　滨水植物选型参考

　　根据滨水地区自然环境的特殊性、滨水植物景观功能需求，以及滨水区植物特性，特提供沉水植物10种，漂浮植物10种，浮叶植物10种，挺水植物25种，沼生植物10种，湿地草本植物35种，湿地木本植物34种供选型参考（表5-3）。

表5-3　滨水植物景观营建植物选型推荐表

| 水生植物（沉水植物） | | |
|---|---|---|
| 植物名称 | 科属 | 生长习性及特征 |
| 1 | 金鱼藻 | 金鱼藻科金鱼藻属 | 多年生沉水草本，有时微露水面，花期6～9月 |
| 2 | 穗花狐尾藻 | 小二仙草科狐尾藻属 | 多年生沉水草本，根状茎生于泥中，节部生根，花果期4～9月 |
| 3 | 黄花狸藻 | 狸藻科狸藻属 | 一年生沉水草本，茎浮水，叶全部沉水，花序直立出水，花期6～9月 |
| 4 | 菹草 | 眼子菜科眼子菜属 | 多年生沉水草本，根状茎细长，茎顶带芽胞，穗状花序，花期4～7月 |
| 5 | 光叶眼子菜 | 眼子菜科眼子菜属 | 多年生沉水草本，茎圆柱形，分枝，叶椭圆状披针形，花期6～8月 |

| | | 水生植物（沉水植物） | |
| --- | --- | --- | --- |
| | 植物名称 | 科属 | 生长习性及特征 |
| 6 | 黑藻 | 水鳖科黑藻属 | 多年生沉水草本，茎圆柱形，小枝带芽，花浮水面，花期6～9月 |
| 7 | 海菜花 | 水鳖科水车前属 | 多年生沉水草本，叶丛生，叶型变化较大，花果期5～10月 |
| 8 | 苦草 | 水鳖科苦草属 | 多年生沉水草本，匍匐枝，叶基生，线形，花果期6～11月 |
| 9 | 小茨藻 | 茨藻科茨藻属 | 一年生沉水草本，茎节较不易折断，叶对生，线形，花期5～10月 |
| 10 | 水盾草 | 睡莲科水盾草属 | 多年生沉水草本，茎细长，叶两型，浮水叶少数，花枝顶端互生，花冠白色 |

| | | 水生植物（漂浮植物） | |
| --- | --- | --- | --- |
| 1 | 凤眼莲 | 雨久花科凤眼莲属 | 多年生漂浮草本，匍匐茎，叶莲座状丛生，水生须根发达，漂浮水面或根生于浅水泥中，花期7～9月 |
| 2 | 水禾 | 禾本科水禾属 | 多年生漂浮草本，根状茎，羽状须根，叶卵状披针形，花果期8～11月 |
| 3 | 野菱 | 菱科菱属 | 一年生漂浮草本，茎细长，叶二型，花白色，腋生，花期7～8月 |
| 4 | 槐叶苹 | 槐叶苹科槐叶苹属 | 多年生水生蕨类，无根，茎细长横生，叶轮生，如槐叶，孢子果成串 |
| 5 | 水鳖 | 水鳖科水鳖属 | 多年生漂浮草本，匍匐茎，叶簇生，漂浮，花白色，花果期8～10月 |
| 6 | 满江红 | 满江红科满江红属 | 多年生水生蕨类，根状茎，水下生须根，叶互生，春夏季绿色，秋后紫红 |
| 7 | 浮萍 | 浮萍科浮萍属 | 多年生漂浮草本，叶扁平状，椭圆形双面绿色，花期6～7月 |
| 8 | 大薸 | 天南星科大薸属 | 多年生漂浮草本，匍匐茎，叶莲座状簇生，花期6～7月 |
| 9 | 水芙蓉 | 莲科莲属 | 多年生漂浮草本，根茎肥大多节，叶盾状圆形，全缘并呈波状，花期6～8月 |
| 10 | 田字苹 | 苹科苹属 | 多年生漂浮草本，根状茎匍匐细长，横走，分枝，叶"十"字形，外缘半圆形 |

| | | 水生植物（浮叶植物） | |
| --- | --- | --- | --- |
| 1 | 荇菜 | 龙胆科荇菜属 | 多年生浮水草本，匍匐茎，节上生根，花果期6～10月 |
| 2 | 中华萍蓬草 | 睡莲科萍蓬草属 | 多年生浮水草本，叶心形，背面紫红色，花红色，花期5～7月 |
| 3 | 粉绿狐尾藻 | 小二仙草科狐尾藻属 | 多年生浮水或沉水草本，匍匐茎浮水，花白色，花期4～5月 |

| 植物名称 | 科属 | 生长习性及特征 |
|---|---|---|
| 水生植物（浮叶植物） | | |
| 4 莼菜 | 睡莲科莼菜属 | 多年生水生草本，根状茎横生，叶椭圆状矩形，花果期6～11月 |
| 5 芡实 | 睡莲科芡实属 | 一年生浮水草本，初生叶沉水，后生叶浮水，圆形，花果期7～9月 |
| 6 亚马逊王莲 | 睡莲科王莲属 | 多年生浮叶草本，根状茎直立，叶圆形基生，花粉、白、黄，花期7～9月 |
| 7 沼生水马齿 | 水马齿科水马齿属 | 一年生水生草本，茎细小，分枝，叶对生，莲座状，花果期4～8月 |
| 8 水罂粟 | 花蔺科水罂粟属 | 多年生浮叶草本，茎圆柱形。叶簇生于茎上，叶片呈卵圆形，花期6～9月 |
| 9 钝脊眼子菜 | 眼子菜科眼子菜属 | 多年生水生草本，茎细弱，分枝，叶椭圆形，花果期5～10月 |
| 10 热带睡莲 | 睡莲科睡莲属 | 多年生浮叶草本，叶卵形较大，花较大，白、橙、粉、蓝，花期6～9月 |
| 水生植物（挺水植物） | | |
| 1 菖蒲 | 天南星科菖蒲属 | 多年生挺水草本，根状茎横生，叶基生，剑状线形，花期6～9月 |
| 2 黄菖蒲 | 鸢尾科鸢尾属 | 多年生挺水草本，根状茎横生，叶宽剑状线形，花黄色，花期5～6月 |
| 3 木贼 | 木贼科木贼属 | 多年生常绿蕨类草本，根状茎粗短，黑褐色，地下横生，节上生根 |
| 4 三白草 | 三白草科三白草属 | 多年生挺水草本，根状茎粗壮，地上茎直立，基部匍匐，叶互生，卵形 |
| 5 红莲子草 | 苋科莲子草属 | 多年生落叶草本，茎细长，匍匐，叶对生，叶终年通红，花果期5～7月 |
| 6 荷花 | 睡莲科莲属 | 多年生挺水草本，根状茎肥厚，叶圆形，花白、粉、红、黄，花期6～9月 |
| 7 旱伞草 | 莎草科莎草属 | 多年生挺水草本，地下茎木质，叶卵圆形，聚伞花序，花果期5～10月 |
| 8 水葱 | 莎草科藨草属 | 多年生挺水草本，根状匍匐茎，杆呈圆柱状，中空，花果期6～9月 |
| 9 石龙芮 | 毛茛科毛茛属 | 一年生挺水草本，须根簇生，茎直立，基生叶，肾状圆形，花果期5～8月 |

<table>
<tr><td colspan="3" align="center">水生植物（挺水植物）</td></tr>
<tr><td></td><td>植物名称</td><td>科属</td><td>生长习性及特征</td></tr>
<tr><td>10</td><td>水田碎米荠</td><td>十字花科碎米荠属</td><td>多年生挺水草本，茎直立基部有柔长的匍匐茎，叶片广卵形，花期6～9月</td></tr>
<tr><td>11</td><td>独角莲</td><td>天南星科犁头尖属</td><td>多年生湿生或挺水草本，块茎球形，叶基生，盾状卵形，花期8月</td></tr>
<tr><td>12</td><td>刺芋</td><td>天南星科刺芋属</td><td>多年生湿生或挺水草本，茎圆柱形，叶倒卵形，羽状深裂，花期9月</td></tr>
<tr><td>13</td><td>梭鱼草</td><td>雨久花科梭鱼草属</td><td>多年生挺水草本，根状茎长，叶基生，椭圆状批针形，花期5～10月</td></tr>
<tr><td>14</td><td>马蹄莲</td><td>天南星科马蹄莲属</td><td>多年生湿生或挺水草本，肉质块茎，叶基生，心状箭形，花期3～5月</td></tr>
<tr><td>15</td><td>水芹</td><td>伞形科水芹菜属</td><td>多年生挺水或宿根草本，茎中空，基部匍匐，叶互生，花白色，花期4～9月</td></tr>
<tr><td>16</td><td>灯芯草</td><td>灯芯草科灯芯草属</td><td>多年生挺水草本，地下茎短，匍匐性，秆丛生，圆筒形，花果期3～7月</td></tr>
<tr><td>17</td><td>再力花</td><td>竹芋科再力花属</td><td>多年生挺水草本，叶卵状披针形，浅灰蓝色，边缘紫色，花期5～8月</td></tr>
<tr><td>18</td><td>圆叶节节菜</td><td>千屈菜科节节菜属</td><td>一年生挺水草本，根茎细长，匍匐丛生，叶对生，圆形，花果期5～12月</td></tr>
<tr><td>19</td><td>水蓑衣</td><td>爵床科水蓑衣属</td><td>多年生挺水或沉水草本，茎匍匐，叶对生，花淡紫色，花期3～6月</td></tr>
<tr><td>20</td><td>芦苇</td><td>禾本科芦苇属</td><td>多年生挺水草本，根状茎发达，叶片披针状线形，花果期7～11月</td></tr>
<tr><td>21</td><td>芦荻</td><td>禾本科芦竹属</td><td>多年生挺水草本，地下茎，叶片广披针形，圆锥花序顶生，花果期9～12月</td></tr>
<tr><td>22</td><td>芭茅</td><td>禾本科芒属</td><td>多年生草本，丛生状，叶片线形，圆锥花序扇形，花期7～9月</td></tr>
<tr><td>23</td><td>花蔺</td><td>花蔺科花蔺属</td><td>多年生挺水草本，根茎横生，叶基生，上部出水，花淡红，花期5～7月</td></tr>
<tr><td>24</td><td>耐寒睡莲</td><td>睡莲科睡莲属</td><td>多年生浮叶草本，叶卵形心状，花白、黄、红、紫、蓝，花期6～8月</td></tr>
<tr><td>25</td><td>蒲草</td><td>香蒲科香蒲属</td><td>多年生挺水或沼生草本，叶狭线形，穗状花序，花果期6～9月</td></tr>
</table>

| | | 水生植物（沼生植物） | |
|---|---|---|---|
| | 植物名称 | 科属 | 生长习性及特征 |
| 1 | 水稻 | 禾本科稻属 | 一年生禾挺水或沼生草本，须根，叶长而扁，穗为圆锥花序，果可食 |
| 2 | 水烛 | 香蒲科香蒲属 | 多年生挺水或沼生草本，叶狭线形，穗状花序，花果期6～9月 |
| 3 | 大叶皇冠 | 泽泻科皇冠属 | 多年生挺水或沼生草本，叶椭圆形，脉带红，花白色，花果期6～9月 |
| 4 | 泽泻 | 泽泻科泽泻属 | 多年生挺水或沼生草本，全株有毒，块茎，叶基生，长椭圆形，花期6～8月 |
| 5 | 野茨菰 | 泽泻科慈姑属 | 多年生挺水或沼生草本，根状茎横走，挺水叶箭形，花序总状，花期5～10月 |
| 6 | 菰 | 禾本科菰属 | 多年生挺水或沼生草本，根状茎，可食，叶片带状披针形，花果期8～10月 |
| 7 | 千屈菜 | 千屈菜科千屈菜属 | 多年生挺水或沼生草本，茎直立分枝，叶对生，披针形，花果期9～10月 |
| 8 | 荸荠 | 莎草科荸荠属 | 多年生沼泽生草本，匍匐根状茎细长，叶片退化，叶鞘薄膜质，穗状花序 |
| 9 | 香蒲 | 香蒲科香蒲属 | 多年生水生或沼生草本，根状茎乳白色，叶片条形，花序轴具白色弯曲柔毛 |
| 10 | 三白草 | 三白草科三白草属 | 多年生沼生草本，茎直立，下部匍匐状，叶互生，纸质，总状花序，花果期4～9月 |
| | | 湿地草本植物 | |
| 1 | 肾蕨 | 肾蕨科肾蕨属 | 中型附生蕨，根状茎直立而短，叶簇生，直立，一回羽状复叶 |
| 2 | 毛茛 | 毛茛科毛茛属 | 多年生湿生草本，茎直立，基生叶单叶，花黄色，花果期4～6月 |
| 3 | 鹅掌草 | 毛茛科银莲花属 | 多年生湿生草本，基生叶长柄，叶片薄草质，五角形，花果期4～8月 |
| 4 | 鱼腥草 | 三白草科蕺菜属 | 多年生湿生草本，上茎直立，下茎伏地，叶互生心形，花期5～7月 |
| 5 | 刻叶紫堇 | 罂粟科紫堇属 | 多年生湿生草本，根茎短而肥厚，椭圆形，茎不分枝，花果期3～5月 |
| 6 | 金线草 | 蓼科蓼属 | 多年生湿生草本，茎直立少分枝，叶对生，倒卵形，花果期8～11月 |

| 湿地草本植物 | | |
|---|---|---|
| 植物名称 | 科属 | 生长习性及特征 |
| 7 红蓼 | 蓼科蓼属 | 多年生湿生草本，茎粗壮多分枝，叶宽椭圆形，花红、白，花果期6～9月 |
| 8 皱叶酸模 | 蓼科酸模属 | 多年生湿生草本，茎直立，叶片披针形，瘦果椭圆形，花期4～6月 |
| 9 细小景天 | 景天科景天属 | 多年生湿生草本，茎绿色，分枝多，叶对生倒卵形，花黄色，花期5～6月 |
| 10 虎耳草 | 虎耳草科虎耳草属 | 多年生湿生草本，根纤细，匍匐茎，叶基生，数片，花白色，花果期4～10月 |
| 11 杂种落新妇 | 虎耳草科落新妇属 | 多年生湿生或宿根草本，根茎肥厚，小叶卵状长圆形，花粉、紫、白，花期6～7月 |
| 12 田菁 | 豆科田菁属 | 一年生单干直立草本，多分枝，茎基木质化，偶数羽状复叶，花果期4～10月 |
| 13 薏苡 | 禾本科薏苡属 | 一年生粗壮草本，茎直立，须根黄白色，海绵质，叶互生，花果期7～10月 |
| 14 丝茅 | 禾本科白茅属 | 多年生湿生草本，秆直立，叶鞘无毛，叶片线形或线状披针形，花果期5～9月 |
| 15 花叶蔺草 | 禾本科蔺草属 | 多年生湿生草本，匍匐根状茎，叶扁平，线形，圆锥花絮，花期6～7月 |
| 16 斑茅 | 禾本科甘蔗属 | 多年生湿生草本，根茎粗壮，秆直立，叶互生，线状披针形，花果期5～11月 |
| 17 金钱蒲 | 天南星科菖蒲属 | 多年生湿生草本，根肉质，气味芳香，分枝丛生，叶片厚，芳香，花期4～5月 |
| 18 海芋 | 天南星科海芋属 | 多年生湿生草本，茎粗壮，叶聚生茎顶，叶片卵状戟形，肉穗花序稍短于佛焰苞 |
| 19 大野芋 | 天南星科芋属 | 多年生湿生草本，根状茎直立，倒圆锥形，叶丛生，叶片长卵状心形，花期4～6月 |
| 20 春羽 | 天南星科喜林芋属 | 多年生湿生草本，植株高大，茎极短，直立性，呈木质化，叶为簇生型 |
| 21 龟背竹 | 天南星科龟背竹属 | 多年生湿生草本，茎粗壮，幼叶心形无孔，长大后成广卵形、羽状深裂，花期8～9月 |
| 22 萱草 | 百合科萱草属 | 多年生湿生草本，根状茎，叶基生，二列，宽线形，花橘红或橘黄，花期5～8月 |

| | | 湿地草本植物 | |
|---|---|---|---|
| | 植物名称 | 科属 | 生长习性及特征 |
| 23 | 南美蟛蜞菊 | 菊科蟛蜞菊属 | 多年生湿生匍匐草本，匍匐茎，叶丛生披针形，总状花絮，粉白，花果期6～9月 |
| 24 | 水鬼蕉 | 石蒜科水鬼蕉属 | 多年生鳞茎草本，鳞茎近球形，叶基生，倒披针形，伞形花序，花期6～7 |
| 25 | 葱兰 | 石蒜科葱莲属 | 多年生湿生草本，鳞茎卵形，颈部细长，叶基生，叶片线形，花单生，花期8～11月 |
| 26 | 水仙类 | 石蒜科水仙属 | 多年生湿生草本，鳞茎卵圆形，叶基生，扁平带状，伞形花序，花期3～4月 |
| 27 | 姜花 | 姜科姜花属 | 多年生湿生草本，块状茎，叶片长圆状披针形，穗状花序，花期8～11月 |
| 28 | 美人蕉类 | 美人蕉科美人蕉属 | 多年生湿生草本，肉质根状茎，叶片卵状长圆形，穗状花序，花期夏秋季节 |
| 29 | 红花酢浆草 | 酢浆草科酢浆草属 | 多年生湿生草本，地下具球形根状茎，基生叶，三小叶复叶，花红色，花期4～11月 |
| 30 | 泽珍珠菜 | 报春花科珍珠菜属 | 一年生直立草本，茎粗壮直立，茎生叶互生，倒披针形，花白色，花果期3～7月 |
| 31 | 报春花 | 报春花科报春花属 | 二年生湿生草本，多须根，叶基生，长卵形，伞状花序，花白、紫，花期2～5月 |
| 32 | 藿香 | 唇形科藿香属 | 多年生湿生或宿根草本，茎直立，四棱形，叶长圆状披针形，花果期6～11月 |
| 33 | 紫绒鼠尾草 | 唇形科鼠尾草属 | 多年生湿生草本，茎直立，叶对生，轮伞花序，顶生，花紫色，花期8～11月 |
| 34 | 香彩雀 | 玄参科香彩雀属 | 多年生湿生草本，分枝性强，叶对生，线状披针形，花粉、蓝、白，花期5～10月 |
| 35 | 朝鲜婆婆纳 | 玄参科婆婆纳属 | 多年生湿生草本，叶对生，叶片长卵形，总状花序顶序，花冠蓝，花果期7～10月 |
| | | 湿地木本植物 | |
| 1 | 水杉 | 杉科水杉属 | 落叶乔木，幼树冠尖塔形，老广圆头形，叶交互，羽状二列，扁平条形，花期3月 |
| 2 | 落羽杉 | 杉科落羽杉属 | 落叶乔木，树干尖削度大，干基膨大，伞状卵形树冠，叶线形，扁平，花期4月 |
| 3 | 中山杉 | 杉科落羽杉属 | 半常绿高大乔木，树干挺拔、树型优美，伞状卵形树冠，叶线形，扁平，花期4月 |

湿地木本植物

| | 植物名称 | 科属 | 生长习性及特征 |
|---|---|---|---|
| 4 | 水松 | 柏科水松属 | 落叶或半常绿乔木，树干基部膨大，树皮褐色，叶鳞形，球花单生，花期2～3月 |
| 5 | 垂柳 | 杨柳科柳属 | 落叶乔木，树冠开展而疏散，树皮灰黑色，枝细，下垂，叶狭披针形，花期3～4月 |
| 6 | 滇朴 | 榆科朴属 | 落叶乔木，树冠扁球形，小枝无毛，叶常为卵形、卵状椭圆形或菱形，花期4月 |
| 7 | 枫杨 | 胡桃科枫杨属 | 落叶乔木，幼树树皮平滑，浅灰色，叶多为羽状复叶，果序下垂，花期4～5月 |
| 8 | 构树 | 桑科构属 | 落叶乔木，树皮暗灰色，小枝密生柔毛，树冠张开，单叶互生，卵圆形，花期4～5月 |
| 9 | 榕树 | 桑科榕属 | 常绿乔木，树冠伞形，下垂状气生根，单叶互生，花单性，果扁球形，花期5～6月 |
| 10 | 香樟 | 樟科樟属 | 常绿乔木，树冠广卵形，树皮幼时绿色，叶薄革质，卵形或椭圆状卵形，花期4～5月 |
| 11 | 薄叶润楠 | 樟科润楠属 | 常绿乔木，顶芽球形，外鳞片宽卵形，叶互生，倒卵状长圆形，圆锥花序，花期4月 |
| 12 | 二球悬铃木 | 悬铃木科悬铃木属 | 落叶大乔木，树皮红褐色，叶阔卵形，中央裂片阔三角形，头状果序，花期4～5月 |
| 13 | 圆锥绣球 | 虎耳草科绣球属 | 落叶灌木，小枝粗壮，方形，叶对生，椭圆形，圆锥花序，花期6～10月 |
| 14 | 棣棠花 | 蔷薇科棣棠花属 | 落叶丛生灌木，小枝绿色，常拱垂，叶互生，三角状卵形，花单生黄色，花期4～6月 |
| 15 | 红叶李 | 蔷薇科李属 | 落叶小乔木，树皮紫灰色，单叶互生，卵圆形，暗绿或紫红，花期4～6月 |
| 16 | 合欢 | 豆科合欢属 | 落叶乔木，树冠伞形，二回偶数羽状复叶，叶长圆形，花序头状，淡红，花期6～7月 |
| 17 | 紫穗槐 | 豆科紫穗槐属 | 落叶灌木，丛生，枝叶繁密，直伸，叶互生，奇数羽状复叶，花果期5～10月 |
| 18 | 红花羊蹄甲 | 苏木科羊蹄甲属 | 常绿乔木，分枝多，小枝细长，叶革质，阔心形，总状花序顶生，花期11月至次年4月 |
| 19 | 楝树 | 楝科楝属 | 落叶乔木，树冠倒伞形，叶互生，二至三回羽状复叶，圆锥花序，黄色，花期4～5月 |
| 20 | 乌桕 | 大戟科乌桕属 | 落叶乔木，树皮暗灰色，叶互生，菱形，总状花序，黄绿色，花期5～6月 |

| | | 湿地木本植物 | |
|---|---|---|---|
| | 植物名称 | 科属 | 生长习性及特征 |
| 21 | 小鸡爪槭 | 槭树科槭属 | 落叶小乔木，树冠伞形，枝开张，叶对生，伞状花序顶生，紫色，花期5月 |
| 22 | 杜英 | 杜英科杜英属 | 常绿乔木，嫩枝及顶芽具微毛，叶革质，披针形或倒披针形，总状花序多生叶腋 |
| 23 | 水紫树 | 蓝果树科蓝果树属 | 落叶大乔木，树叶卵形，叶柄长、多毛，叶正面亮绿，反面灰白，花期3～4月 |
| 24 | 露兜树 | 露兜树科露兜树属 | 常绿分枝灌木或小乔木，常左右扭曲，叶簇生于枝顶，三行紧密螺旋状排列，条形 |
| 25 | 毛白杜鹃 | 杜鹃花科杜鹃花属 | 半常绿灌木，分枝密，枝叶密生灰柔毛，叶长椭圆形，花紫红色，花期4～5月 |
| 26 | 云南黄馨 | 木犀科素馨属 | 常绿蔓性灌木，枝细长下垂，复叶对生，长椭圆状披针形，花单生，黄色，花期4月 |
| 27 | 刺桐 | 豆科刺桐属 | 落叶大乔木，树皮灰褐色，羽状复叶，小叶膜质，总状花序顶生，花期2～4月 |
| 28 | 棕榈 | 棕榈科棕榈属 | 常绿乔木，树干圆柱形，叶簇竖，形如扇，近圆形，掌状裂深达中下部，雌雄异株 |
| 29 | 沼地棕 | 棕榈科棕榈属 | 常绿灌木或小乔木，植株丛生，叶扇形，掌状深裂，叶柄细长，三棱形，花期4～5月 |
| 30 | 海南海桑 | 海桑科海桑属 | 常绿灌木或小乔木，树冠扩展，其余株比较矮小，散生于林缘，叶对生阔卵形 |
| 31 | 水椰 | 棕榈科水椰属 | 丛生常绿灌木，叶为大型互生羽状复叶，小叶片狭长披针形，佛焰花序顶生，单性 |
| 32 | 桐花树 | 紫金牛科桐花树属 | 常绿灌木或小乔木，叶革质，倒卵形，钝头，花两性，着生于花冠基部，长椭圆形 |
| 33 | 柽柳 | 柽柳科柽柳属 | 落叶灌木或小乔木，幼枝柔弱，小枝下垂，树皮红褐色，叶互生，披针形，鳞片状 |
| 34 | 石榴 | 石榴科石榴属 | 落叶灌木或小乔木，树冠丛状圆头形，小枝柔韧，叶对生，花红，花果期5～10月 |

# 第**6**章
# 滨水植物景观环境营造

## 6.1 滨水植物与景观小品

滨水空间中往往根据需求设置多种多样的景观小品，常有亭、榭、廊、阁、轩、楼、台、舫、厅堂和桥等。滨水植物景观设计应结合这些景观小品，使得二者互为因借、相得益彰，通过滨水植物多层次的搭配来弱化景观小品的硬质线条和界面，丰富构图。通常情况下，滨水植物与景观小品的配置应根据景观小品自身的尺度、色彩、材质、形态、比例、文化主题、造型风格与特征进行科学合理搭配，突出文化主题（见图6-1）。

图6-1 结合艺术构图原理，水面植物景观可以适当留白，映照出建筑的美丽倒影，增添景观的意境美

诸如《园冶》所述："花间隐榭，水际安亭，斯园林而得致者。惟榭只隐花间，亭胡拘水际。通泉竹里，按景山颠。或翠筠茂密之阿，苍松蟠郁之麓；或借濠濮之上，入想观鱼；倘支沧浪之中，非歌濯足。亭安有式，基立无凭。"，无不描述的是一幅"榭、亭、花、竹、松、泉、鱼"的滨水景观图。

又如：廊架景观，廊架常常建设在滨水广场或观景平台处，总体设计来说，廊架是以虚为主，构建开阔的观赏视野，为游人提供休憩场所（见图6-2）。从景观上来看，廊架作为

图6-2　滨水廊架通过轴线的植物配置来构建空间景观

滨水景观的一部分，应与整体滨水环境相互延伸，在植物配景上仍以虚景处理，采取攀援植物或漏景手段，营造似隔非隔，隔而不挡的立面景观形象。

园亭是滨水空间中不可缺少的休息、赏景的地方，可以说是"景中之景"的点睛节点，在中国传统院落设计中，亭作为一种人为景观，与园林中的山水、植物有机结合，配以诗词歌赋等人文文化，有的甚至结合假山、花架、雕塑、景墙等景观小品为一体，共同营建整体性景观（见图6-3）。

图6-3　音乐之都维也纳，别墅庭院中雕塑起到画龙点睛的作用，不论是独立存在或是依附于其他景观存在，均需要精雕细琢

# 6.2 滨水植物与亲水空间

人对滨水空间环境的感知，主要通过视觉、嗅觉、听觉和触觉等来实现（表6-1），置身于滨水环境，感知系统能激发亲水行为。

表6-1 人的感知系统与植物景观配置关系

| 序号 | 感知系统 | 主要感受 | 植物配置 |
|---|---|---|---|
| 1 | 视觉 | 开阔、秀丽、色泽 | 强调植物设计的开放性、包容性，特别是四季变化、综合形态和疏密设计是视觉引导的关键 |
| 2 | 听觉 | 流动、层次、远近 | 强调综合设计，植物群落与山石、地形、通风廊道、景观小品等综合设计 |
| 3 | 嗅觉 | 体验、气味、浓淡 | 强调花味植物和水体的设计，通过不同地段的体验式设计来展现滨水植物与水体交融的微环境系统 |
| 4 | 触觉 | 冷热、肌理、亲水 | 强调植物肌理设计，结合视觉感知来体现滨水植物的材质和肌理，特别注重湿地植物的触觉感知系统设计 |

滨水空间的亲水行为主要分为步行、休憩、社交和观赏行为等（见图6-4～图6-8）。这些行为主要靠亲水活动空间来实现，对于亲水活动的步行行为，在植被空间营建过程主要考虑滨水游步道、铺地材料、防护栏杆和林荫休憩的融合问题，植物以高大乔木来构建顶层

图6-4 步行行为空间

覆盖型、滨水开敞型的林荫廊道空间。休憩行为植被空间营建时主要考虑座椅设施、垂钓空间和树荫景观效果，植物应以营建清净环境为核心，通过常绿乔、灌木来打造多层次的休憩空间。社交行为植被空间营建应注意亲水广场、休憩设施、赏景步道和植被群落的关系，既要营建私密的社交空间，又要营建开放性的交往空间。社交行为的滨水空间主要安置在水面较宽的区域，以便于游人观赏滨水景观，滨水植物营建应在考虑滨水广场开放视角的同时，营建各类稍微私密的交往空间和赏景空间。观赏行为植被空间营建较为多元化，需要综合考虑驳岸护坡、水源净化、历史文化建筑、文化生活以及滨水安全围栏及其他细部问题，而植物应基于观赏的主要目标根据实际地形地貌来综合营造。

图6-5　休憩行为空间

图6-6　社交行为空间——美国康涅狄格州斯坦福市的弥尔河公园

图6-7 观赏行为空间

图6-8 运动行为空间——安哥拉罗安达湾

图6-9　滨水环境LED灯具照明

# 6.3 滨水植物与灯光设计

　　滨水区照明主要分为水体照明、通行照明和植物照明三类，其照明不同于室内环境照明，主要目的是增强景物效果，营造一种夜晚滨水景观。光源与灯具设计除了其光亮、色彩给滨水环境带来的美感之外，灯具本身的形象和特色也为美化滨水植物环境增添优雅的笔触。

　　在光源选择上，应尽量选择方向和控制能力较好的光源，减少使用普通的泛光照明灯具。为了提高滨水环境夜间的可视性和观赏性，营造水景景观的氛围，通常选择LED光源的灯具，主要利用LED灯具体积小、造型特别、隐藏性好、光源寿命长、色彩可变化且工作电压低等优点（见图6-9）。

图6-10 荷兰，水珠通过光的反射，在水面上产生"波光粼粼"的效果

（1）水体照明 对于水体照明来说，追求的不是亮度，而是艺术的创意设计。首先应该判断水体在整个景观中的地位以及形态，有时水体往往会成为极其重要的视觉中心，而有时它会成为与其他要素同等地位的景观要素。其次，要根据不同的水体形态，如自然溪流、池塘、瀑布、喷泉等；不同的景观元素，如水体雕塑、亲水景石、亲水平台、湿地植被等，根据不同的景观小品选择不同的灯源和照射方式，渲染不同的水体环境（见图6-10、图6-11）。

（2）通行照明 滨水环境中通行照明主要为园路两侧的照明和亲水广场周边的照明，照

图6-11 平静的水面，就像一面镜子，反射周围被照的物体，也就是通常所说的"倒影"效果，瀑布和喷泉的水珠在光照的作用下晶莹剔透

明应照度均匀连续，满足行人安全通行需求（见图6-12）。除此之外，路灯的造型应因周边环境而进行设计，配合通行空间中的植物景观，营造公共性的夜间滨水植物景观空间。

（3）植物照明　植物照明是滨水植物景观环境的一项重要内容，不同类型、不同群落和不同位置的滨水植物群落对照明的要求也具有相当大的差异，为更好地展示景观小品、雕塑、植被群落、山石等景物的造型，照明方法也要因景而异，投射光线因按照需求而使强弱有所变化，以便展现滨水区各异的景观风韵（见图6-13、图6-14）。

图6-12 滨水通行照明景观

图6-13 水上照明要注意控制灯具的投光角度，一般不要超过垂直线以外35°，以避免眩光所造成的人眼不适和减弱水体照明的效果

图6-14 射树灯、庭院等和景观小品的相互融合，展现出多样化的景观风韵

# 6.4 滨水植物与园路设计

滨水空间的园路主要有自行车道、游步道（健身步道）、滨水路和道路节点四种类型，主要起到引导游览、组织滨水空间和丰富滨水植物景观等作用（见图6-15、图6-16）。自行车道在满足滨水观光的同时，还需考虑应急时期的消防、救急等机动车通行需求，以及考虑到人流量比较大，在滨水植物景观设计过程中要保证道路的畅通，还需考虑植物色彩和形态的变化，以减轻游人单调乏味之感。游步道（健身步道）常常是蜿蜒曲折的，在植物景观设计时要突出自然之美，结

图6-15　滨水区的自行车道

图6-16　滨水区的人行道路

图6-17　自然式风格的园路贯彻"曲径通幽"的要求，多采用迂回曲折的弧线形设计，移步换景，给行者丰富的视觉感受

图6-18　园路与地形、植物、山石等相互配合，通过不同材料表达出不同的庭院风格

合地形差异，采取自然的、灵活多变的植物种植方式。滨水路常和亲水广场等相互结合，主要目的是为了便于游人能亲近水面，或感受水生植被和动物，在滨水的道路植物景观规划设计时要考虑在满足游人观赏和体验的同时，还要保证滨水生态环境的保护，以及能为动物提供良好的栖息和庇护环境。道路节点具有较强的停留、观赏功能，是游人高度集中的节点，在进行植物景观设计时，应考虑植物的姿态、体量与色彩，再结合景观小品、地形和水面等元素进行综合营造。

古云："景因路成，路因景胜"，园路作为滨水景观空间的组织构架，因不同的形式和材料、各具特色的色彩和质感来烘托滨水环境、丰富景色、引导滨水游览空间。滨水区道路铺装材料常采用石、砖、瓦、木材、鹅卵石、砾石、碎石以及混凝土等。在有限的空间内通过合适的铺装材料和适宜的拼砌方式，再结合软性的植物群落来构建滨水游憩空间（见图6-17～图6-19）。

图6-19　汀步作为滨水区景观设计的常用模式，常常与草坪结合在一起，共同营造清幽的步行小道

图6-20 开敞平坦型滨水植物空间

# 6.5 滨水植物与地形设计

水系常设置于地势低洼处，其滨水空间地形环境是植物景观设计的载体，结合地形进行滨水植物景观设计是滨水环境空间营建的重点。滨水区域地形主要分为平坦型、凹凸型和斜坡型三类，不同的地形应配置多元的植物群落，营造层次起伏的滨水环境（见图6-20、图6-21）。平坦的地形利于游人活动，可形成滨水区活动及休息的聚集场所，诸如亲水广场、户外烧烤区、观景区、聚餐区、儿童游乐区或休憩区等。植物配置应以开敞型为主，既要做到为游者遮阴挡阳，又不能阻碍观赏视线。

凸地形是滨水空间中最为难得的节点，常是构成滨水风景、组织空间和丰富亲水景观的重要元素。风景园林设计师应根据场地情况和空间需求在高位置建造景观建筑或小品，形成景观的制高点。植物配置应以群落为核心，模拟自然山体，营建密林滨水景观（见图6-22、图6-23）。

图6-21 开敞平坦型滨水植物空间

图6-22 滨水山地景观

图6-23 滨水密林景观

图6-24 滨水凹地景观，罗安达湾

凹地形是滨水空间中亲水
性比较强的空间，其空间的制
约程度取决于周围凸地形的陡
峭度、宽度和高度，是滨水空
间中较为理想的私隐性活动空
间，可以规划设计为安静的休
憩区、康体活动区或垂钓区等
（见图6-24、图6-25）。凹形滨
水区域植物景观设计应考虑空
间的封闭性和内倾性，湿地植
物是此区域植物配置的重点。

图6-25 滨水凹地景观

斜坡地形常以土丘式进行地形塑造，是连接凸地和凹地的过渡区域，坡地地形滨水植物景观设计强调场地的起伏感（见图6-26、图6-27）。需根据地形高低而进行植物配置，在地形较高的地方种植乔木类高层植物，低洼处种植亲水性较强的低矮植物、地被植物。

图6-26　斜坡地形滨水景观（一）

图6-27　斜坡地形滨水景观（二）

# 第**7**章
# 滨水植物景观设计实例评析

## 7.1 湿地类滨水植物景观

### 7.1.1 大理洱海月湿地公园

洱海月湿地公园是"退塘还湖、退耕还林、退房还湿地"理念下洱海湖滨带生态修复项目的典型案例，是集生态恢复、市民纳凉、休闲旅游、文化娱乐为一体的湿地公园，为保护洱海做出了突出贡献，对大理旅游城市形象起了放大作用，为大理市民营造了美好的生活环境。整个净化系统分为排污管收集区、氧化塘净化区、湖滨湿地区三个区域，综合营造不同的湿地景观（图7-1～图7-12）。

图7-1

图7-2

图7-3
排污管收集区收集污水后储蓄区域，以沉
水植物为重点来营造植物景观

图7-4

图7-5

图7-6
氧化塘区域以规模性的净化水体植物为主题，分块营造乔、灌、草不同层次的净化水质植物景观

图7-7

图7-8

图7-9

氧化塘区域分为多个功能区，主要是基于不同的水质来打造湿地景观，有大面积种植浮水植物的，有依托现有植物群落营造综合景观的，也有增加一些栈道等亲水设施来营造休憩景观的

图7-10

图7-11

图7-12

湖滨湿地区主要借用湖水景观和已经净化的水系营造适宜于游客的植被景观群落，更多是考虑种植季节性变化较强的湖滨湿地植被

捞鱼河湿地是一个基于"潮汐"理念，经过提升改造、兼顾生态与景观功能的湿地公园。项目建设背景：20世纪，由于大规模围湖造田，昆明滇池湿地逐渐变为鱼塘、农田，滇池自净能力不断下降，水质逐渐变差。近年来，随着滇池生态修复工程的不断推进，一条平均宽度约200米、面积约30千米$^2$、区域内植被覆盖超过80%的闭合生态带，构成了一条湖滨生态绿色屏障。其中，捞鱼河湿地公园只是众多湿地公园中的一个（图7-13～图7-20）。

图7-13　公园入口区以大面积的郁金香营造空间，但是6月后，会出现整片凋零场景

图7-14 整齐排列、规模性种植的中山杉是公园乔木层景观主题，中山杉更能适应潮汐现象，其季节性特征增加了湿地公园的观赏吸引力

图7-15　自然式样的驳岸结合保留的垂柳群落，为"捞鱼"这个公园游玩体验做好了生态保障

图7-16

图7-17

图7-18

亲水步道的植物空间营造依照"最少人为干预"的原则进行,通过修建中杉原木栈道引导游人进行"捞鱼行动"

图7-19 主要车行交通系统的植物景观以简洁的方式配置，乔木层以中山杉为主题，灌木地被层以美人蕉为主题，综合营造若隐若现的流线植物空间

图7-20 大面积的蓄水和净水区域则以规模性芦苇群落和荷花为主题，在动植物群落完善的基础上营造季节性的观赏游览空间

### 7.1.3 昆明古滇湿地公园

古滇湿地公园是基于"古滇文化"本体，在原有的200亩（1亩＝667米²）自然湿地基础上改造扩建成的1000余亩生态湿地公园，与滇池水体共同构建出一道生态修复、水体净化的隔离屏障（图7-21～图7-34）。

#### 7.1.3.1 道路系统植物景观

图7-21 主道路采用人车分离的系统，路边景观带以"乔木+地被"模式进行营造，在保障季节性变化的同时考虑游人乘凉体验

图7-22　滨湖道路以自行车道路为主题，路边植物景观以带状植物群进行营造，需综合考虑滨水植物色彩、体量、比例

图7-23　滨水栈道主要采用浮桥的形式建设，周边的植物景观形式多样，主要体现集群性特征，用不同类型的乔、灌、草植物群落来营造不一样的植物景象空间

### 7.1.3.2 远景植物景观营造

图7-24　以古滇建筑为主题，周边营造开阔性的植物景观，借大面积的水景和驳岸低矮的滨水植物来营造倒影，形成对景、街景等多景融合的滨水空间

图7-25　桥是湿地公园远景营造的典型主题，借其白色和周围植物的绿色形成对比，共同营造焦点性植物景观空间

图7-26　孤岛是远景空间的一种主题营造模式，利用其封闭性来营造复杂多样景观，既利于动植物生存，又为游人提供观赏远景

### 7.1.3.3　亲水空间植物景观营造

图7-27　大面积的亲水草坪镶嵌自然毛石步道，形成开阔性的滨水植物景观空间

图7-28　大面积的漂浮植物能吸引游人停留观景，如荷花，也容易营造规模性的季节性植物景观

图7-29　景观亭隐藏在密集的芦苇群中，营造出一种狂野的亲水空间

### 7.1.3.4 驳岸空间植物景观营造

图7-30 规模化种植季节性较强的地被植物，容易构建大面积的滨水植物景观带

图7-31 组团式交叉种植不同滨水植物群落，容易营造多样化的滨水植物景观空间

图7-32 "植物色带"容易打造连续性的驳岸植被空间

图7-33 开阔的草坪是开敞式驳岸空间营造的主题,常配置一些孤植乔木或组团式乔木群

图7-34 "木桩驳岸"常营造生态理念较强的驳岸空间，其植物景观常常是多样化的综合营造

昆明海东湿地公园

　　海东湿地公园是环滇池生态公园之一。按照滇池周边水体原生植物的特点，修复改造后的公园集滇池水体和生态原生性保护、湿地生态研究、科普教育、体验性生态旅游等多功能为一体，是观光休闲、环保科教类湿地公园（图7-35～图7-43）。

　　7.1.4.1　蓄水空间植物景观

图7-35

图7-36

图7-37
蓄水空间的植物景观，湿生植物主要以大面积种植的方式来对水体进行积蓄和净化

### 7.1.4.2 休憩空间植物景观

图7-38

图7-39
亲水性较强的滨水沙滩，其周边的植物配置常以孤植风景树或低矮的湿地植物为主，营造
开敞性的滨水植物空间

图7-40　水杉密林结合大面积的草坪种植，是游客露营和嬉戏的理想空间

### 7.1.4.3 观赏空间植物景观

图7-41

图7-42

图7-43

观赏性植物景观空间的营建主要考虑植物的视觉焦点、植物群的色彩变化、季节需求和风景屏障作用等，营造多样化的湿地植物空间

# 7.2 滨湖类滨水植物景观

## 7.2.1 昆明大观楼公园

　　大观楼是我国名楼之一，最初建成于1690年，是观赏滇池的好地方，登楼四顾，景致十分辽阔壮观，便取名为"大观楼"。悬挂着清代名士孙髯翁撰写的180字"古今第一长联"，公园根据其地势，约可分成三片：近华浦、大观楼片，楼外楼、鲁园片，庾园、花圃及柏园片。公园内花木繁茂，假山、亭阁、小桥、流水，景色极美。著名景点如：新修的怀古廊萦回纡折，槛外银水玉山；涌月亭和观稼堂树木掩映，花丛环绕，最宜月夜闻笛。彩云崖假山幻奇、玲珑嵌空；溯徊洲四面环水；秀坪如茵。过燕语桥继续西行，积波堤压浪卧波，而大观楼则耸立于前，更有那古今传颂"天下第一长联"，使人留步观瞻（图7-44～图7-53）。

图7-44

图7-45

图7-46

荷花是公园主要的水面观赏植物，大面积的荷花种植形成了规模性的水面景观

图7-47

图7-48

图7-49
桥是公园主题景观的核心，"浦桥风荷"便是最为典型的写照

图7-50　公园的远景常通过乔木群作为边界屏障，形成一条绿色的天界线

图7-51　以"摩天轮"为公园主焦点，大面积的游乐场地中的乔木群落作为肌理，整个空间集休闲、娱乐、康体和都市文化为一体

图7-52 "浦桥风荷"景观为公园最为典型的赏景空间，以"荷花+浦桥"最为简单的构图来体现其文化韵味

图7-53 戏水空间的植物景观以乔木群作为空间围合与屏障，形成一个较大区域的封闭植物景观空间

### 7.2.2 保山青华海公园

　　青华海湿地公园位于云南保山隆阳区东部，哀牢山下。早在3世纪，青华海便是哀牢文化的发祥地，是哀牢古国的政治、经济、文化中心。百年以前，这里是一片水乡泽国，水域面积达50千米$^2$。岸边的人们以打鱼为主，现在的地名如"打渔村"、"东海子"等反映出当年渔民的生活。修复后的整个公园以永昌阁为中心，依托东河分成一带三片：东河滨河景观带、东湖公园、西湖公园、万亩湿地公园，自然风光优美，集山水、田园风光为一体，是城市居民及周边群众休闲度假的理想场所（图7-54～图7-60）。

图7-54　自然卵石驳岸结合"见缝插绿"式的自然地被种植是公园整体风格，也是海绵城市理想的案例

图7-55　滨水沙滩周边的植物景观主要营造有较强季节性变化的植物屏障

图7-56　开敞的沙滩游憩空间以孤植大型乔木营造植物景观焦点

图7-57 大面积的滨湖绿地通常是为了营造生态屏障，常通过乔、灌、草多层次复合植物景观空间进行营造

图7-58

图7-59
水系分隔区域常以自然毛石为主材，通过组团种植水生植物来软化生硬的"毛石"

图7-60　生态浮岛是大面积湖区的特殊植物景观，在净化水质的基础上以漂浮的形式来改变水面视觉
效果

### 7.2.3 泰国北标府Ming Mongkol公园

公园位于泰国北标府，毗邻Mittraphap高速，其前身是一个贫瘠的果园用地。改造后的公园实现了生态可持续发展，成为当地环境保护教育的范例。种植了各种农产品和草药的花园，休憩场地和洗手间，咖啡馆、商店、临时或长期摊档等服务设施点缀在树林中，营造了极富乡土特征的开放型城市公园（图7-61 ～图7-69）。

图7-61

图7-62
从航拍图上可以看出整个滨湖区公园植物覆盖率较高，森林植被面积较大，与国内大部分滨湖公园有一定差别

图7-63

图7-64

水景区植物景观以乔木点缀来统领景观空间的意味较浓，空间围合性较弱

图7-65

图7-66
建筑及小品在植物景观空间中的作用较弱，常被多层次的植被群落掩藏

图7-67

图7-68
各种农产品和草药是公园植物景观的重要组成部分，为游客营造不一样的观赏空间

图7-69　禅意的景观空间配置较为精致的植物，都是精挑细选后进行配置，以"纯"和"素"为主要特征

## 7.3 滨河类滨水植物景观

### 7.3.1 玉溪易门龙江公园滨水植物景观

公园依托龙江而建,从自然山体中向城市中心延伸,是集水源保护、旅游开发、城市休闲和生态恢复为一体的现代旅游型城市公园,整个公园由水源保护区、休闲娱乐区、湿地区和城市滨河公园区等构建串珠状的带形公园休闲空间(图7-70~图7-77)。

图7-70

图7-71

水源保护区植物景观主要保留原生态植被群落，对临近水源区域采用一些观赏性较强的水杉等乔木营造虚实环境

图7-72

图7-73

休闲娱乐区植物景观结合带状的水系空间，较多地采用彩色地被进行空间营造，打造带型
空间纹理

图7-74

图7-75

湿地区植物景观结合河边游步道观景视域的驳岸进行综合营造，按同类植物进行组群配置

图7-76

图7-77

城市滨河公园区植物景观的人工味相对较浓，主要以可修剪成各类形态的植物和植物群体来综合营造

### 7.3.2 荷兰库肯霍夫公园滨水植物景观

　　库肯霍夫公园位于阿姆斯特丹近郊盛产球根花田的小镇利瑟（Liess），也是每年花卉游行的必经之地。该公园原是雅各布伯爵夫人的所在地，霍夫（Hof）意为城堡中的庭院，用于打猎和种植蔬菜及药草以供厨房膳食，库肯（Keuken）意为厨房，据说这就是库肯霍夫名字的起源。库肯霍夫公园内郁金香的品种、数量、质量以及布置手法堪称世界之最。公园的周围是成片的花田，园内由郁金香、水仙花、风信子以及各类的球茎花构成一幅色彩繁茂的画卷。每年的春天，这里都将举行为期八周左右的花展，同时还安排许多相关的活动，包括园艺与插花等的工作坊活动、各种主题的展览等等（图7-78 ～图7-84）。这里最让人瞩目的活动是花帽的展览，展出花卉在帽子设计方面的运用。

图7-78

图7-79

图7-80

滨河道路沿线的地被以郁金香、水仙花、风信子为主题，形成带状色彩，与弯曲的河流相对应，引导着游客走向不同的观赏空间

图7-81

图7-82

开敞型的滨水空间以组团式的地被色块为主题，通过分散点缀来营造四季变化的植被空间

图7-83

图7-84

大面积水体与高大、封闭的乔木空间虚实相映，底层以草坪和花卉为主，构建焦点性的观赏空间

# 7.4 住区类滨水植物景观

图7-85

图7-86

居住区中心以广场为主题，孤植三株银杏树，构建"三角"视觉空间，以环形水系进行围合，沿线分段种植乔、灌植物群，形成休憩交流的乐活空间

图7-87

图7-88

整个核心景观区以环形水系串联住户入口区域，通过复合型群落来营造节点空间，常以枇杷、樱花或玉
兰来作为节点主体

图7-89　消费通道两侧以朴树为空间核心，底层配置不同季节变化的灌木和地被层，部分隐藏型消防
通道则以麦冬和草坪为顶层覆盖植被

图7-90

图7-91

驳岸因地下车库的原因，大部分为硬质驳岸，表层安置自然石块，通过攀爬类植物进行软化，结合湿生植物来营造滨水空间

图7-92

图7-93
滨水广场以造型优美的中东海藻作为植物景观空间主体，整体围合式布置，整体成围合封闭的休憩空间

图7-94

图7-95

驳岸空间以自然式营造为主，基于"海绵社区"理念，通过复合多元的植物景观群落进行滨水植物景观空间营造，构建生态化的滨水驳岸植物群落空间

图7-96 居住区滨水道路空间以规整的地被配以高大的乔木进行沿线种植，营造宁静的行人通道

图7-97 滨水栈道两侧常以某一类乔木进行组群式营造，构建开敞型、轴线型或封闭型的植物群落空间

# 7.5 庭院类滨水植物景观

## 7.5.1 昆明楠园滨水植物景观

　　楠园位于昆明安宁百花公园南面，1991年12月竣工开放。园内厅、亭、阁、廊等建筑均使用名贵"楠木"建造，因名"楠园"。楠园占地10亩，其中建筑1045米$^2$，水面1898米$^2$，园林绿化用地3411米$^2$，游览步道313米$^2$（图7-98～图7-116）。

　　整个工程由上海同济大学中国古典园林建筑师陈从周教授，按苏州私家园林风格设计。并请百岁老人苏局仙、昆曲泰斗俞振飞和名人顾廷龙等为厅、阁、亭、廊题额："春苏轩"、"春廊"、"楠亭"、"通宜"、"春花秋月馆"、"小山湖水馆"、"安宁阁"、"春润亭"、"怡心居"等。湖中立一巨石，称"音谷"。当时楠园是云南省唯一的一个仿苏州园林建筑建成的城市公园。

图7-98

图7-99

图7-100

自然式的植物景观设计是楠园的一大特色,花草、杨柳景观达到了陈先生"虽为人作,宛自天成"的境界

图7-101

图7-102

园中叠有假山、奇石，种植了山茶、杜鹃、苏铁、五针松、罗汉竹、桂花等名贵花木

图7-103

图7-104

图7-105

楠园是由建筑、山水、花木组合成的综合艺术品。园中种植楠木、竹子、芭蕉，假山皆用石灰石迭出，或大或小，或高或矮，错落有致，浑然天成

图7-106

图7-107

滨水景观模山范水，天然成
趣。园内水随山转，山因水活

图7-108

图7-109

图7-110
嘉树堂、知鱼槛、先月树依托锦汇漪彼此相对，自然式的大型植被群落分别营造出各自半开敞空间，又相互联系

图7-111　七星桥，横跨在锦汇漪上，"一桥飞架琉璃上"，过桥就是嘉树堂，堂旁边有廊桥，通涵碧亭

图7-112 鹤步滩上倾斜的大乔木，给人以"留滞"的时间感

图7-113 从锦汇漪水池东向西望去，透过水池及西岸假山上的蓊郁树林可远借惠山优美山景

图7-114

图7-115

图7-116

寄畅园的理水传承了中国古典园林"大水宜分、小水宜聚"的基本手法。以锦汇漪
为中心，展开景观空间序列，锦汇漪周边驳岸以自然式营造为主，大小不一、色彩
斑斓的乔、灌、草滨水植被群落相互映衬

# 参考文献

［1］朱钧珍. 园林理水艺术［M］.北京：中国林业出版社，2000.

［2］吴玲.湿地植物与景观［M］.北京：中国林业出版社，2010.

［3］赵家荣.水生花卉［M］.北京：中国林业出版社，2002.

［4］廖飞勇.风景园林生态学［M］.北京：中国林业出版社，2010.

［5］李尚志.水生植物造景艺术［M］.北京：中国林业出版社，2000.

［6］朱钧珍.中国园林植物景观艺术［M］.北京：中国建筑工业出版社，2003.

［7］中国植物学会编.中国植物学史［M］.北京：科学出版社，1994.

［8］尚玉昌.普通生态学［M］.北京：北京大学出版社，2002.

［9］周维权.中国古典园林史（第二版）［M］.北京：清华大学出版社，1999.

［10］日本土木学会编.滨水景观设计［M］.大连：大连理工大学出版社，2002.

［11］韩剑准.海南树木奇观［M］.北京：中国林业出版社，2001.

［12］金学智.中国园林美学［M］.中国建筑工业出版社，2005.8.

［13］余树勋.园林美与园林艺术［M］.北京科学出版社，1987.10.

［14］苏雪痕.植物造景［M］.北京中国林业出版社，2000.

［15］日本土木学会.滨水景观设计［M］.大连：大连理工大学出版社，2002.

［16］张庭伟，冯晖，彭治权.城镇滨水区设计与开发［M］.上海：同济大学出版社，2002.

［17］［美］E.N，培根等著.黄富厢，朱琪编译.城镇设计［M］.北京：中国建筑工业出版社，1989.

［18］陈月华，王晓红.植物景观设计［M］.长沙：国防科技大学出版社，2005.6.

［19］周维权.中国古典园林史［M］.北京：清华大学出版社，1989.

［20］刘敦桢.苏州古典园林［M］.北京：中国建筑工业出版社，1984.

［21］徐德嘉.古典园林植物景观配置［M］.北京：中国环境科学出版社，1997.

［22］张家冀.中国造园论［M］.太原：山西人民出版社，1990.

［23］陈从周.中国园林鉴赏辞典［M］.华东师范大学出版社，2001.

［24］陈从周.园林丛谈［M］.上海：上海文化出版社，1980.

［25］童隽.江南园林志［M］.北京：中国工业出版社，1963.

［26］李红艳，周为.杭州西湖湖西景区的湿地景观设计［M］.中国园林，2004（8）.

［27］刘常富，陈玮.园林生态学［M］.北京：北京科学出版社，2003.

［28］胡长龙.园林规划设计［M］.北京：中国农业出版社，2002.

［29］陈有民.园林树木学［M］.北京：中国林业出版社，1990.

［30］李明德.鱼类学［M］.天津：南开大学出版社，1992.1.